铝合金厚板搅拌摩擦焊
温度场及工艺

卢晓红　栾贻函　滕　乐　孙　卓　杨帮华　著

科学出版社

北京

内 容 简 介

本书从实际工程应用的角度出发，通过实验、理论与仿真相结合的方法，深入分析 2219 铝合金厚板 FSW 温度场，探究焊接工艺参数和搅拌头结构参数对温度场的影响规律，着重介绍 2219 铝合金厚板 FSW 温度场仿真分析与工艺技术，在实现 2219 铝合金厚板 FSW 温度场高精度仿真的基础上，提出 FSW 核心区极值温度监测方法，实现了基于数字孪生的核心区极值温度监测，为 2219 铝合金厚板 FSW 的高质量焊接提供了理论基础和技术支撑。本书内容涉及物理学、材料力学、传热学、有限元仿真、数字孪生、机器学习等多学科理论与技术，对解决搅拌摩擦焊领域相关技术难题具有参考价值。

本书可作为高等院校机械制造及其自动化专业本科生和研究生的学习用书，也可作为航空航天、船舶制造及轨道交通等制造领域从事铝合金结构件焊装、搅拌摩擦焊工艺规划及过程监测等科技工作者的参考用书。

图书在版编目（CIP）数据

铝合金厚板搅拌摩擦焊温度场及工艺 / 卢晓红等著. -- 北京：科学出版社，2024.11. -- ISBN 978-7-03-079725-4

Ⅰ. TG146.2

中国国家版本馆 CIP 数据核字第 2024US2482 号

责任编辑：陈　婕　赵微微 / 责任校对：任苗苗
责任印制：吴兆东 / 封面设计：蓝正设计

科 学 出 版 社 出版

北京东黄城根北街 16 号
邮政编码：100717
http://www.sciencep.com

三河市春园印刷有限公司印刷
科学出版社发行　各地新华书店经销

＊

2024 年 11 月第 一 版　开本：720×1000　1/16
2025 年 1 月第二次印刷　印张：14 1/4
字数：285 000

定价：120.00 元
（如有印装质量问题，我社负责调换）

前　言

随着科技的迅速进步和工业领域对轻量高强材料需求的增加，铝合金作为一种关键的结构材料，在航空航天、兵器工业、轨道交通等领域得到广泛应用。在众多铝合金中，2219 铝合金因具有高比强度、卓越的高低温承载性能、优异的焊接性能以及出色的耐腐蚀能力，成为燃料贮箱、坦克装甲、飞机蒙皮等装备的首选材料。搅拌摩擦焊接(friction stir welding, FSW)技术作为一种固态连接方法，具有焊接接头组织晶粒尺寸小、连接强度和抗拉强度良好、焊接时不会产生烟尘、无需焊丝和保护气、焊后残余应力小等突出优点，是实现 2219 铝合金结构件焊装的一种高效途径。随着科技和工程领域的持续发展，对结构件的强度和刚度要求也日益增加。较厚的铝合金结构件能够提供更大的截面积，从而增加其承载能力和刚度，以满足对结构强度的要求。然而，在 2219 铝合金厚板 FSW 过程中，厚向温差大、热机作用梯度沿厚向急剧变化，导致温度分布规律复杂，易产生焊接缺陷。FSW 过程中的焊件温度场直接影响焊接质量。搅拌头的机械作用、焊件材料的剧烈塑性变形及复杂的热机耦合作用，导致厚板 FSW 的产热、传热机制以及温度场分布规律不明，焊接质量难以保证。目前，关于 2219 铝合金厚板 FSW 温度场及工艺的研究相对较少，难以满足实际生产对铝合金结构件 FSW 理论和技术体系的需求。在工程应用中，2219 铝合金厚板高质量焊接尚缺乏相关的理论与技术研究成果支撑。

本书在总结和提炼课题研究成果和实际工程应用的基础上，参考国内外铝合金 FSW 技术的最新研究进展，深入分析 2219 铝合金厚板 FSW 过程中温度场变化规律，探究搅拌头结构参数和焊接工艺参数对温度场的影响规律，从 FSW 加工机理、焊接过程建模与仿真、焊接工艺参数优化、焊接温度场的在位表征、焊接温度测量与监测等方面进行系统的理论与技术探讨，为实现 2219 铝合金厚板 FSW 高质量焊接提供了理论基础和技术支撑。

全书共 9 章。第 1 章是绪论，简要介绍 2219 铝合金材料、FSW 和 FSW 温度场，以及焊接工艺参数和搅拌头结构参数对 FSW 温度场的影响，探讨 2219 铝合金厚板 FSW 温度场及工艺研究面临的挑战；第 2 章介绍基于实验的 2219 铝合金厚板 FSW 温度场表征；第 3 章着重介绍基于热源模型的 2219 铝合金厚板 FSW 温度场分析；第 4、5 章基于 DEFORM 研究 2219 铝合金厚板 FSW 温度场，实现 2219 铝合金厚板 FSW 搅拌头下压、停留预热及焊接进给阶段的焊接工艺参数优化；第

6、7 章基于 ABAQUS/CEL 研究 2219 铝合金厚板 FSW 温度场，探讨工艺参数和搅拌头结构参数对温度场的影响，实现了双侧复合 FSW 温度场仿真；第 8、9 章分别介绍基于表面温度与核心区极值温度关联关系的 FSW 核心区极值温度监测技术及基于数字孪生的 FSW 核心区极值温度监测技术。本书第 1～5 章由卢晓红撰写，第 6 章由栾贻函撰写，第 7 章由滕乐撰写，第 8 章由杨帮华撰写，第 9 章由孙卓撰写，最终由卢晓红统稿和定稿。

在撰写本书的过程中，作者参考了课题组周宇、乔金辉、孙旭东、隋国川等研究生的研究成果，得到了丛晨、王振达、张炜松、李享纯、徐凯、曾繁茂、张昊天、徐国庆、田宇航、张宇、陈颖、钱荣泽、肖山弘、潘聪聪、姜超及张智益等研究生的大力帮助，在此一并向他们表示感谢。

与本书内容相关的研究得到了国家重点研发计划项目"立式装配焊接形性特征在位检测及预测调控方法"（2019YFA0709003）和辽宁省自然科学基金面上项目"2219 铝合金厚板搅拌摩擦焊缺陷检测与接头力学性能调控"（2023-MS-101）的支持，在此表示衷心的感谢。此外，书中引用了部分国内外 2219 铝合金材料及 FSW 技术领域的相关研究成果，也向这些作者表示诚挚的谢意。

限于作者水平，书中难免存在不足之处，敬请读者提出宝贵意见和建议。

作　者

2024 年 5 月于大连

目　录

第1章 绪 论

1.1 2219 铝合金组成、性质及应用

2219 铝合金是可热处理强化的 Al-Cu-Mn 系铝合金，在高低温条件下仍具有高比强度、优异的耐腐蚀性和导热性以及良好的可焊接性能和材料力学性能[1]，可广泛应用于化工、航天、军工及航空等领域，如钻井管道、火箭燃料贮箱、两栖作战装甲车的装甲及超高声速飞机蒙皮等[2-7]，如图 1-1 所示。

(a) 钻井管道[2]　　　　　　　　　　(b) 火箭燃料贮箱[5]

(c) 两栖作战装甲车[6]　　　　　　　(d) 超高声速飞机[7]

图 1-1　2219 铝合金应用举例

2219 铝合金的化学组成成分如表 1-1 所示，其主要强化元素为铜(Cu)，铜的质量分数达 5.8%～6.8%，提高了 2219 铝合金强度与硬度，进而提高了 2219 铝合金的铸造性能和焊接性能。其他强化元素有锰(Mn)、锆(Zr)、钛(Ti)等，锰可以大大提高 2219 合金的耐热性，还可以显著降低铝合金的焊接裂纹倾向；锆既可以提高合金的热稳定性，又可以细化铸态晶粒，改善合金焊接性能，提高焊缝金属的塑性[8]；钛可以提高 2219 铝合金的再结晶温度，并细化晶粒，改善合金可焊性

能。表 1-2 给出了 2219 铝合金的力学性能。

表 1-1　2219 铝合金化学组成成分

元素	Cu	Mn	Zr	Fe	Mg	Zn	Ti	Al
质量分数/%	5.8~6.8	0.2~0.4	0.1~0.25	0.3	0.02	0.1	0.02~0.1	其余

表 1-2　2219 铝合金的力学性能

参数名称	抗拉强度/MPa	屈服强度/MPa	延伸率/%
数值	466~467	384~385	10.0~11.5

2219 铝合金是 20 世纪 50 年代美国针对航空构件轻质化、高强度和耐高温等需求而开发的 2 系变形铝合金材料[9]。早在 20 世纪 60 年代，2219 铝合金就被应用于美国土星 V 号火箭的贮箱制造。之后，世界各地如日本、西欧等都开始将 2219 铝合金作为火箭贮箱结构的主要材料[10]。在贮箱研制生产过程中，2219 铝合金表现出的优良焊接性能使得贮箱的可靠性大为提高。从 20 世纪 70 年代开始，2219 铝合金全面取代 2014 铝合金，并沿用至今。主要运载火箭的液氢贮箱和液氧贮箱中铝合金的使用情况如图 1-2 所示[11]，其中苏联能源号使用的 1201 铝合金被证实与 2219 铝合金化学成分和性能很相似。20 世纪 80 年代，欧洲航天局成功将 2219 铝合金用于直径 5.4m 的阿里安 5 号运载火箭的燃料贮箱制造，因此该材料受到广泛关注[12]。据统计，近几十年来，国内外研制的大型运载火箭，大多采用 2219 铝合金作为火箭燃料贮箱材料，如图 1-3 所示。目前我国 CZ-5 重型运载火

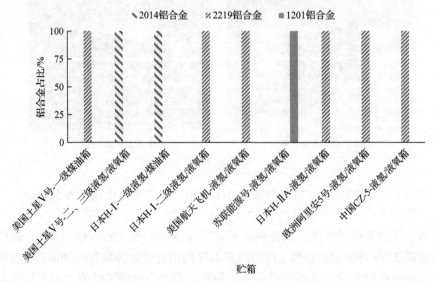

图 1-2　主要运载火箭贮箱铝合金使用情况

(a) 美国土星Ⅴ号火箭

(b) 日本H-ⅡA火箭

(c) 欧洲阿里安5号运载火箭

(d) 美国航天飞机

图 1-3　2219 铝合金航天器应用举例

箭与正在研发的 CZ-9 重型运载火箭的贮箱叉形环、箱底法兰盘及输送系统等结构部位均大量使用 2219 铝合金。

1.2　搅拌摩擦焊接原理、特点及应用

英国焊接学会(The Welding Institute, TWI)于 1991 年 10 月发明了搅拌摩擦焊接(FSW)技术[13]，这项技术主要用于解决铝、镁等低熔点软金属材料的焊接问题。

FSW 工作原理及工作过程如图 1-4 所示，整个焊接过程可分为四个阶段：搅拌头下压阶段、停留预热阶段、焊接进给阶段与搅拌头退出阶段。

(1)搅拌头下压阶段：由搅拌针和轴肩组成的搅拌头高速旋转并以一定的下压速度压入焊件的待焊起始位置，在顶锻力与搅拌头高速旋转的共同作用下，搅拌针与焊件摩擦生热，焊接区域温度升高使焊缝处材料软化，搅拌针逐渐压入焊件，当搅拌针压入焊件，轴肩端面略向下挤压到焊件上表面时，轴肩与焊件接触摩擦生热，搅拌头下压阶段结束。

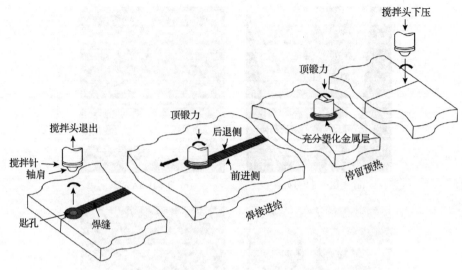

图 1-4　FSW 工作原理及工作过程示意图

(2)停留预热阶段：搅拌头不再下压，在顶锻力与搅拌头高速旋转的持续作用下，搅拌头与焊件之间的接触摩擦生热更加剧烈，焊缝金属温度持续升高，进而在轴肩的邻近区域内形成一个充分塑化金属层，轴肩防止软化金属外溢，搅拌头继续以一定速度旋转，进行预热。

(3)焊接进给阶段：搅拌头沿焊接进给方向移动实现焊接，在搅拌头后方会形成一个"瞬时空腔"，在搅拌头与焊件摩擦产热及焊缝材料塑性变形产热的作用下，焊缝金属发生塑性变形，焊接前进侧的金属不断塑化并在搅拌头的旋转带动下，运动到焊接后退侧并填补搅拌头后方的"瞬时空腔"，在顶锻力的作用下塑化金属被压实并形成致密的焊缝，"瞬时空腔"的产生与填充几乎同时发生和完成，以保证焊缝的连续性。

(4)搅拌头退出阶段：搅拌头以一定的速度缓慢向上移动退出，留下一个匙孔，材料的变形和迁移停滞，焊件缓慢冷却。

FSW 作为一种固相焊接技术，其焊接过程中的热输入主要由摩擦热和材料塑性变形热组成，焊接最高温度一般为被焊材料熔化温度的80%，温度低于被焊材料的熔点，可有效降低焊接变形与残余应力，提高焊件的力学性能。FSW 技术很好地解决了使用常规焊接技术，如电子束焊接、激光焊接、变极性钨极惰性气体保护焊等焊接 2219 铝合金的强度仅能达到母材强度的 50%~70%，且接头处容易产生缺陷等问题[14]。此外，FSW 技术不需要对焊件表面进行处理，焊接过程中不需要保护措施，无需填充材料和保护气，不会出现降低接头力学性能的氧化物夹渣，不会产生有害气体，无污染、无烟尘、无辐射，因此 FSW 技术是一项绿色的焊接技术[15]。

经过 30 多年的发展，FSW 已从试验性研发走向大规模生产应用，在国内外的船舶、铁路运输、航空航天、汽车等领域都得到广泛应用。在船舶领域，FSW 是一种常用的铝合金-壳体结构的焊接工艺。例如，日本三井造船株式会社利用 FSW 技术建造了重达 13923t 的"Super Liner Ogasawara"客货船；美国的 X-Craft 级军舰的船身、侧板等部位的焊接几乎全部采用 FSW 技术，如图 1-5 所示[16]。在铁路运输领域，长沙地铁 4 号线列车车体的侧壁以及复兴号高速列车车体的车钩座板都采用了 FSW 技术，如图 1-6 所示[16]。在航空航天领域，美国商用客机 Eclipse 500 的机身结构采用了 FSW 技术，从而提高了生产效率，减轻了机体自身重量；美国波音系列火箭燃料贮箱也主要采用了 FSW 技术，如图 1-7 所示[16]。在汽车领域，北美版新一代本田雅阁采用 FSW 技术进行钢铝副车架制造，这是 FSW 首次在乘用车上的批量使用；北京赛福斯特技术有限公司为雷诺、奔驰、宝马、特斯拉及比亚迪公司提供了电池托盘产品的 FSW 工艺方案及装备，如图 1-8 所示[17]。在其他工业领域，散热器、冰箱冷却板、天然气贮箱、液化气贮箱等应用都涉及 FSW 技术[18]。

(a) 日本客货船

(b) 美国X-Craft级军舰

图 1-5　FSW 技术在船舶领域应用举例

(a) 长沙4号线列车车体侧壁

(b) 复兴号高速列车车底的车钩座板

图 1-6　FSW 技术在铁路运输领域应用举例

(a) 美国商用客机Eclipse 500　　　　　　　(b) 波音系列火箭燃料贮箱

图 1-7　FSW 技术在航空航天领域应用举例

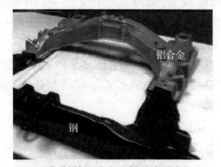 

(a) 北美版新一代本田雅阁钢铝副车架　　　　(b) 比亚迪公司的FSW电池托盘

图 1-8　FSW 技术在汽车领域应用举例

1.3　FSW 温度场研究进展

FSW 温度场对焊缝材料流动、焊件连接强度、焊后残余应力等影响十分显著，是 FSW 研究领域的重点研究方向之一[19]。目前，研究学者主要采用实验和数值分析法对 FSW 温度场展开研究。

1.3.1　基于实验的 FSW 温度场研究

基于实验的 FSW 温度场研究方法大体可以分为四种：通过接头微观组织推测焊接过程温度分布的方法、热电偶测温法、红外热像仪测温法及超声测温法。

1. 通过接头微观组织推测焊接过程中温度分布的方法

FSW 过程中，焊缝材料处在焊接热循环状态中，热输入对接头微观组织产生直接影响，同时焊缝还受到搅拌头的机械作用，热输入和搅拌头的机械作用共同决定了焊件接头微观组织的分布[20]。根据 FSW 过程中的行为特征及微观组织差异，可将接头分为四个区域：焊核区（nugget zone, NZ）、热机影响区（thermo-mechanically affected zone, TMAZ）、热影响区（heat affected zone，HAZ）、母材区（base material zone, BMZ）[21]，如图 1-9 所示为 FSW 焊后接头微观组织分区[22]，图中 AS 表示前进侧（advancing side），RS 表示后退侧（retreating side）。通常把焊缝的热影响区、热机影响区和焊核区定义为焊接核心区。由于晶粒发生长大、变形以及再结晶等过程，强化相也呈现弥散和溶解等不同状态[23]，接头内不同区域的微观组织出现明显差异。因为接头各区域的微观组织与自身经历的热循环状态紧密相关，所以依据各区域内微观组织的形貌变化，可以推测焊接过程中不同区域内所经历的峰值温度范围。图 1-10 为金相显微镜下观察到的 FSW 接头各区域微观组织形貌[24]。

图 1-9　FSW 焊后接头微观组织分区

(a) BMZ　　　　　　　　(b) 前进侧HAZ　　　　　　　　(c) 后退侧HAZ

(d) 前进侧TMAZ　　　　　(e) 后退侧TMAZ　　　　　　　(f) NZ

图 1-10　FSW 接头各区域微观组织形貌

Benavides 等[25]通过比较 2024 铝合金 FSW 前后接头的微观组织和再结晶晶粒尺寸的变化来计算焊缝中心区的温度变化，推测焊接区域峰值温度为 330℃。Mostafapour 等[26]根据应变分布和对微观组织进行观察，在焊接区域确定了 NZ、

TAMZ 和 HAZ 的范围,基于微观组织进一步推算出不同区域内热循环的峰值温度区间。杜正勇[27]研究了 8mm 厚 2219 铝合金双轴肩 FSW 接头的微观组织,将观察得到的接头各区域的微观组织形貌与 ANSYS 仿真模型的温度云图进行对比,证实了接头成形与温度场密切相关,并判断 NZ 峰值温度约为 500℃。

通过观察接头微观组织形貌推测焊接过程的温度分布只能得到部分区域的温度范围,无法获取准确的温度数值,而且该方法是在焊接完成后根据焊后接头形貌进行温度场推测和分析,存在滞后性,无法实时监测 FSW 过程的温度分布。

2. 热电偶测温法

热电偶测温法基于热电效应进行温度测量,属于接触式测量方法。热电偶法测量 FSW 过程中温度分布的方法大体可分为三类:将热电偶埋入工件测温法、将热电偶埋入搅拌头测温法及基于泽贝克效应的搅拌头-工件热电偶测温法,如图 1-11 所示。

(a) 将热电偶埋入工件测温法

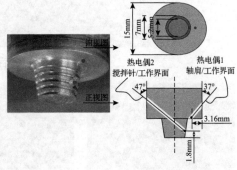

(b) 将热电偶埋入搅拌头测温法

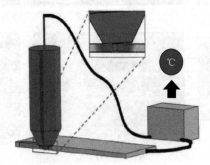

(c) 搅拌头-工件热电偶测温法

图 1-11 热电偶测量 FSW 过程中温度分布的方法

将热电偶埋入工件测温方法,通过侧边打孔将热电偶埋入工件,可以测得 FSW 过程中特征点的温度数据。Chaudhary 等[28]在焊件上钻了 8 个不同位置的孔,埋入 K 型热电偶，测量在不同搅拌头转速、焊接速度和搅拌头倾角下，2014 铝合金 FSW 过程中沿焊件厚度和宽度方向上的温度分布。王红宾等[29]进行了 8mm 厚 7050 铝合金 FSW 测温实验，在沿焊接进给方向距焊缝中心不同距离位置埋入热电偶测量温度分布，研究了焊缝两侧焊接区特征点峰值温度对焊件显微硬度的影响规律，获得了显微硬度较低区域对应的焊接温度范围。李于朋等[30]在焊缝的前进侧和后退侧各对称设置 8 个测温点并埋入热电偶，测得了 4mm 厚 6082-T6 铝合金 FSW 过程中不同位置的热循环曲线，分析了焊接过程中接头不同区域的温度分布规律。Silva-Magalhães 等[31]进行了 20mm 厚 6082-T6 铝板 FSW 测温实验，在搅拌头周围多个位置插入热电偶以确定峰值温度的位置、前进侧和后退侧之间的温度差异及其与搅拌头几何形状的关系，测得焊接区域的峰值温度为 607℃，位于轴肩和搅拌针之间的过渡处，最低温度出现在搅拌针尖端。上述热电偶埋入工件测温法通常通过钻孔的方式将热电偶埋入焊件或将热电偶胶粘在焊件表面，获取 FSW 过程中特征点的温度曲线，进而分析温度分布规律。热电偶测温时通常需要尽可能地靠近，热电偶非常容易损坏，且该方法只能获取有限数量的特征点温度数据，同时焊件钻孔不仅破坏焊件，而且影响测温结果，因此无法大规模地应用在工程实际中。

有学者探索将热电偶嵌入搅拌头以实现焊接核心区温度实时获取。李敬勇等[32]将热电偶嵌入搅拌头轴肩上方，通过无线测温系统获取了 4mm 厚 5A15 铝合金 FSW 过程中搅拌头轴肩上方特征点的温度变化规律，研究发现采用比热容大、热导率低的搅拌头材料能够减少 FSW 过程中的热量散失。Fehrenbacher 等[33]研发了用于 FSW 的无线温度采集系统，在搅拌头轴肩处与搅拌针处嵌入热电偶，进行 4.76mm 厚 6061 铝合金 FSW 实验，实现了轴肩处与搅拌针处核心区温度的实时测量，研究了搅拌头转速与焊接速度对 FSW 核心区温度的影响规律。翟明等将热电偶嵌入轴肩下方与搅拌针处，进行了 6mm 厚 6061 铝合金 FSW 实验，结合有限元仿真研究了搅拌头倾角对特征点温度的影响规律，研究发现在相同焊接工艺参数的条件下，轴肩处温度高于搅拌针处温度，且搅拌头倾角越大，特征点温度越高[34]。翟明等还将 K 型热电偶置入搅拌头的轴肩底面和搅拌针侧面来分别监测两个接触界面的温度，分析不同工艺条件对界面峰值温度的影响[35]。上述热电偶埋入搅拌头测温法虽然能够直接获取 FSW 过程中距搅拌头轴线特定距离点的温度信息，但这种方法需要在搅拌头中嵌入热电偶温度传感器，不适用于小尺寸的搅拌头，而大尺寸的搅拌头也会因嵌入热电偶温度传感器而降低强度，进而缩短使用寿命。此外，FSW 温度分布复杂，搅拌头能埋入的电偶数量非常有限，因此在焊接过程中获得的温度数据有限。

搅拌头-工件热电偶测温法是基于泽贝克效应来测量 FSW 过程中搅拌头与焊件接触区域的温度分布。铝材 FSW 过程中，铝板与钢制搅拌头形成天然的热电偶，在搅拌头与铝板的两端分别引出导线形成闭合回路，通过测量闭合回路中的电动势来推测搅拌头与工件接触区的温度。de Backer 和 Bolmsjö[36]提出了用于 FSW 温度测量的搅拌头-工件热电偶法，并通过实验验证了这种方法的可行性，同时使用该方法对多种焊接参数下的 FSW 实验温度进行测量。Silva 等[37]在 de Backer 和 Bolmsjö[36]研究的基础上，进一步比较了搅拌头-工件热电偶测温法和将热电偶埋入搅拌头方法的区别，结果表明搅拌头-工件热电偶法测出的温度曲线包含更丰富的信息，焊接参数的改变可以快速反映在温度信号中；使用热电偶埋入工件的方法对搅拌头-工件热电偶法测温结果的准确性进行验证，证实了该方法在 FSW 过程中测量温度的准确性。刘迪[38]针对 de Backer 和 Bolmsjö[36]提出的方法实施复杂并难以控制精度的问题，结合 Dickerson 等[39]将热电偶布置在焊缝处测量焊核区瞬时温度的方法，利用镍铬丝和铝板之间的泽贝克效应测量了 6061 铝合金 FSW 焊核区的温度分布。搅拌头-工件热电偶测温法可以实现 FSW 过程温度的在线测量，但受搅拌头处难以引线，以及铝板的冷端温度随焊接的进行而不断变化等问题的制约，并未得到广泛应用。

3. 红外热像仪测温法

红外热像仪测温法属于非接触式测量方法。该方法基于红外测温原理，用热像仪捕捉物体表面的红外辐射并转化成电信号，然后通过一系列的信号处理变换将电信号转化成温度信息实时呈现。红外热像仪测温法能够实时获取焊件表面的温度分布，并且不需要对焊件或搅拌头进行破坏，逐渐成为 FSW 温度测量与表征的重要手段，如图 1-12 所示[40]。

图 1-12　红外热像仪测温[40]

张凯越[40]提出了一种基于发射率-温度特性曲线的发射率迭代算法。该算法通过标定同类型铝合金板材的发射率-温度特性曲线,对初始红外温度场进行迭代校正,并将其应用铝合金 FSW 温度场测量实验中,提高了红外热成像系统测量铝合金温度的精度。王昌盛等[41]用红外热像仪对 8mm 厚 2024-O 铝合金接头的 FSW过程进行温度监测,结果表明 FSW 接头前进侧 TMAZ 是其力学性能薄弱区。王志康[42]基于红外热像仪和 FSW 机床搭建了 FSW 温度监测系统,并通过图像滤波技术、发射率校正和精度补偿实验提高了系统测量精度,在此基础上分析了 5mm、6mm、10mm 厚 2A14 铝合金和 10mm 厚 2219 铝合金 FSW 过程中的温度分布及变化规律。万心勇等[43]进行了 3mm 厚 7075 铝合金 FSW 红外热像仪测温实验,测得了焊缝表面峰值温度曲线,获得了无缺陷的焊接工艺参数范围,通过回归分析建立了峰值温度与搅拌头转速的关系式。Sheikh-Ahmad 等[44]为了阐明焊接温度对聚合物 FSW 焊接质量的重要影响,进行了高密度聚乙烯材料 FSW 实验,采用红外热像仪测量了焊件表面温度分布。研究结果表明,由于材料导热性较差,焊缝两侧温度差异较小,前进侧与后退侧温度基本对称,发现焊件表面峰值温度随焊接过程的进行缓慢上升。

　　红外热像仪测温法能够实现 FSW 过程焊件表面温度非接触测量,但焊件表面质量、焊接过程产生的飞边以及测量环境都会影响焊件表面辐射率,进而影响测温精度。有学者通过在焊件表面涂覆亚光油漆以减少焊件的表面反射,减小辐射率变化对测温精度的影响,从而提高测温精度[45]。Serio 等[46]在 6mm 厚的5754-H111 铝合金全表面涂一层亚光黑色无机涂层来解决铝合金金属表面发射率不稳定的问题,同时采用热像仪对铝合金平板 FSW 过程进行记录分析,证实了 FSW在前进侧与后退侧的温度场呈不对称分布。Casavola 等[47]在 6mm 厚 5754-H111铝合金表面至焊缝一定距离的区域涂上一层辐射率为 0.95 的亚光黑色丙烯酸喷漆涂层,以减小辐射率变化对 FSW 过程焊件表面红外测温结果的影响,并分析了焊件表面的温度分布规律。

　　红外热像仪测温法能够测得焊件表面温度分布和变化规律,但无法获得焊件内部的温度信息。张玉存等[48]为了获得核心区温度,研究了焊件表面辐射度、热图像灰度与电压的映射关系,根据摩擦做功公式与摩擦系数多项式,结合辐射热交换原理推导 FSW 核心区温度的解析模型,利用红外热像仪进行了 10mm 厚 2219铝合金 FSW 测温实验,通过解析模型计算获得了温度分布。该方法虽然能够获得FSW 核心区温度分布,但铝合金表面对红外线的反射率较高,导致红外热像仪精度低,且所采用的辐射热交换原理并不能应用于 FSW 核心区温度的实时表征。

4. 超声测温法

　　超声测温法是利用超声波进行无损测温的方法,这种方法基于声波穿过介质的速度同介质的温度相关的物理现象。通过信号接收器接收声波发射器发射的超声信号,然后利用信号在工件中穿越的时间来计算焊缝的温度,如图 1-13 所示[49]。

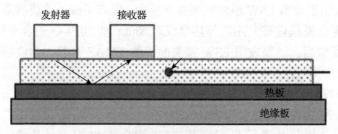

图 1-13　超声测温[49]

Dharmaraj 等[49]率先在搅拌摩擦点焊过程中使用超声波测温的方法,采用这种方法测量了 6061 铝合金焊接时的温度,并使用热电偶对超声测温系统的准确性进行验证,证实了这种方法的可行性。但超声测温法通常需要一个相对平坦的表面,无法测量具有复杂几何型面的焊件温度。

综上所述,目前,国内外学者基于接头微观组织推测焊接过程的温度分布,通过热电偶测温法、红外热像仪测温法、超声测温法测量 FSW 特征点温度循环曲线,分析温度分布特征。但通过接头微观组织推测焊接过程温度分布的方法只能大体推测部分区域的温度范围,无法获取准确的温度数值,且具有滞后性,难以在实际焊接过程中应用;热电偶测温法会破坏焊件或搅拌头结构,工程实用性不强;红外热像仪测温法测温条件苛刻,焊件表面质量以及测量环境都会影响焊件表面辐射率,进而影响测温精度,且只能测得焊件表面温度分布,无法获得焊缝内部温度分布;超声测温法受限于焊件型面平整度,工程适用性不强。

1.3.2　基于数值分析的 FSW 温度场研究

数值分析是一种使用计算机求解数学问题的数值计算方法。FSW 温度场数值分析方法是通过计算机计算获得 FSW 温度分布的方法,主要分为在焊件上施加热源模型的方法、基于计算流体力学(computational fluid dynamics, CFD)的方法与基于计算固体力学(computational solid mechanics, CSM)的方法。

1. 在焊件上施加热源模型的方法

在焊件上施加热源模型的方法通过在时间和空间域内对作用于焊件上的热输入进行数学描述,进而获得焊件的温度场信息。FSW 热源模型通常指静态热源模型,即模拟时模型的产热量不随时间发生变化。进行基于焊接热源模型的温度场仿真研究首先需要建立 FSW 产热数学模型,然后进行传热分析,进而计算获得 FSW 不同时刻的温度信息,采用此方法能够表征 FSW 的产热机理。早期的热源模型使用均匀移动的点热源或线热源描述 FSW 产热[50,51]。1998 年,Chao 和 Qi[52]

建立了考虑轴肩与焊件摩擦产热的恒定热通量产热模型，通过对比模拟温度与测量温度来调控产热模型，模拟了 FSW 过程中焊件的温度分布。汪建华等[53]建立了搅拌头轴肩与焊件的摩擦产热热源模型，基于三维热弹塑性有限元法实现了焊件的温度场模拟。Frigaard 等[54]建立了基于扭矩的 FSW 摩擦产热热源模型，并进行热电偶测温实验，通过实验与基于热源模型获得的仿真温度曲线对比，验证了所建立的热源模型的有效性。Song 和 Kovacevic[55]建立了搅拌头轴肩、搅拌针与焊件的摩擦产热热源模型，通过引入搅拌头运动坐标控制方程实现了 12.7mm 厚6061 铝合金 FSW 搅拌头下压、焊接进给与搅拌头退出阶段的焊件温度场模拟。Schmidt 等[56]考虑搅拌头与焊件接触面不同的接触状态，推导了轴肩与焊件摩擦热、搅拌针侧面搅拌针底面与焊件摩擦产热解析模型，建立了内凹轴肩和圆柱形搅拌针的摩擦产热热源模型，为后续温度分布研究提供可行的热源模型。李红克等[57]建立了考虑材料屈服强度的摩擦产热热源模型，使用 ABAQUS 软件实现了面热源与体热源的加载，完成了进给阶段的焊件温度场模拟，并与实验测得的特征点温度进行了对比，验证了模型的有效性；研究了搅拌头转速对焊缝中心峰值温度与至焊缝中心一定距离处峰值温度的影响。研究结果表明随着搅拌头转速升高，两处特征点的峰值温度均升高，且峰值温度上升幅度均减小，推测有可能在某更高的搅拌头转速时峰值温度会稳定在某一数值。Gadakh 和 Adepu[58]在 Schmidt等[56]研究的基础上建立了锥形搅拌针产热解析模型，研究了搅拌针锥角对焊件峰值温度的影响规律。研究结果表明，搅拌针锥角越大，搅拌针侧面与搅拌针底面产热量越少，焊件峰值温度越低。郭柱等[59]参考 Song 和 Kovacevic[55]建立的解析模型，使用 ANSYS 软件中的参数化设计语言（ANSYS parametric design language, APDL）实现了 6mm 厚 7075 铝合金 FSW 温度场模拟，研究了焊接工艺参数对焊件峰值温度的影响规律，揭示了与焊缝中心特征点、至焊缝中心不同距离特征点的温度变化规律。研究结果表明，焊件核心区特征点峰值温度存在滞后性，特征点峰值温度出现在搅拌头经过后大约 5s。朱智等[60]针对 7B04 铝合金薄板FSW 进行研究，使用 MSC Marc 软件建立了热-力耦合仿真模型，对 FSW 过程中铝合金板材内部温度分布进行了预测和分析。万胜强等[61]基于 FSW 产热理论和 MSC Marc 软件自主开发的自适应移动热源，建立了 10mm 厚 2219 铝合金 FSW过程热源模型，研究了焊接温度场。Bonifaz[62]建立了三维瞬态非线性热传导分析模型，编写了 FILM 和 DFLUX 用户子程序，使用 ABAQUS 软件实现了 6mm 厚1524 碳素钢 FSW 温度场模拟，如图 1-14 所示，研究了顶锻力、搅拌头转速与焊接速度对焊件特征点温度变化的影响规律。Liu 等[63]依托 Schmidt 等[56]推导的产热解析模型，使用 ANSYS 软件实现了 5mm 厚 ME20M 镁合金水下 FSW 温度场模拟，如图 1-15 所示，通过实验验证了模型的有效性，并研究了冷却水温度对焊件特征点温度变化的影响。Liu 等[64]建立了考虑非均匀体热流和搅拌头倾角的修正解析模型，比较了考虑搅拌头倾角与忽略搅拌头倾角的产热解析模型的模拟结果与热电偶测温结果，研究表明，考虑搅拌头倾角的产热解析模型模拟精度更高，基于该模型求解获得的特征点峰值温度高于忽略搅拌头倾角的产热解析模型获得的特征点峰值温度。

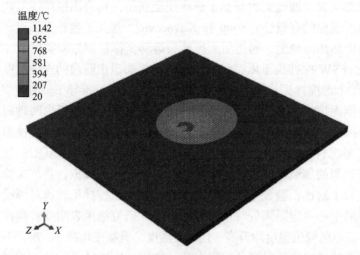

图 1-14　基于 ABAQUS 软件实现了 6mm 厚 1524 碳素钢 FSW 温度场模拟

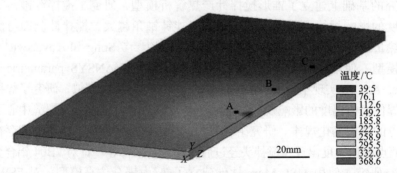

图 1-15　基于 ANSYS 软件实现了 5mm 厚 ME20M 镁合金水下 FSW 温度场模拟

　　在焊件上施加热源模型方法的优点是不涉及网格变形，模拟耗时较短。但 FSW 热源模型通常使用的是静态热源模型，所以计算求解得到的焊接过程稳定，难以模拟真实焊接过程中的动态变化。

　　2. 基于计算流体力学的方法

　　基于计算流体力学的方法是由流体力学与计算机科学融合而成的，它从计算方法出发，将流体力学控制方程中的积分与微分项近似表示为离散的代数方程组，然后通过计算机求解这些方程组，获得离散时间与空间点上的数值解。基于计算

流体力学的方法通常将焊件视为非牛顿、不可压缩的流体。Kadian 和 Biswas[65]
使用 FLUENT 软件模拟了 6mm 厚 6061 铝合金 FSW 温度分布，研究了七种不同
搅拌针几何形貌对焊件峰值温度、特征点温度与材料流动速度的影响规律。研究
结果表明，采用圆柱形搅拌针获得的焊件峰值温度最高，该结果与 Gadakh 和
Adepu[58]研究所得的规律一致。Eyvazian 等[66]考虑搅拌针细节形貌使用 FLUENT
软件模拟了 8mm 厚钢铝异种合金水下 FSW 焊接进给阶段的温度分布。研究结果
表明，焊件峰值温度、材料流动、微观组织与接头性能主要受搅拌头转速与焊接
速度的影响，通过调整搅拌头转速与焊接速度能够获得抗拉强度较高的焊后接头。
周文静等[67]使用流体仿真软件 COMSOL 实现了 10mm 厚 6061 铝合金 FSW 温度
场仿真，如图 1-16 所示，分析了 FSW 焊件的温度分布特征。研究发现，焊件表
面等温线呈前窄后宽的椭圆状。Su 和 Wu[68]考虑了焊件材料的塑性变形产热，使
用 FLUENT 软件建立了 6mm 厚 2219 铝合金 FSW 仿真模型，实现了焊接进给阶
段的温度场模拟，研究了搅拌针切面数与轴肩直径对焊件温度场的影响规律。研
究结果表明，随着切面数量增加，摩擦产热量升高，塑性变形产热量降低；轴肩
直径增加，焊件峰值温度升高。Yang 等[69]以 12mm 厚 7N01 铝合金为研究对象，
使用 FLUENT 软件通过自定义用户子程序实现了考虑搅拌针螺纹与切面的 FSW
温度场仿真，研究了锥状光面、三角锥状带锥台与四角锥状带锥台对焊件温度场
的影响。Andrade 等[70]使用 FLUENT 软件实现了 6063-T6 铝合金 FSW 温度场仿
真，如图 1-17 所示，探究了不同工艺参数对焊接温度场的影响规律。

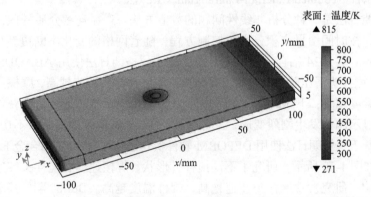

图 1-16 基于 COMSOL 软件实现了 10mm 厚 6061 铝合金 FSW 温度场模拟

基于计算流体力学的方法研究 FSW 温度场对网格尺寸无严格限制，仿真耗
时较短。此方法主要应用于研究复杂形状搅拌针对焊接产热量、焊件温度与材料
流动的影响，但通常只能模拟焊接进给阶段，无法实现 FSW 过程全阶段（搅拌头
下压、停留预热、焊接进给及搅拌头退出）的模拟。

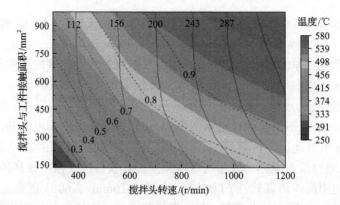

图 1-17　基于 FLUENT 软件实现了 6063-T6 铝合金 FSW 温度场模拟

3. 基于计算固体力学的方法

该方法以计算机为工具，在建立物理与数学模型的基础上，采用离散化的数值方法，用有限个未知量去近似表示待求解的函数，然后使用计算机进行求解。基于计算固体力学的方法通常将搅拌头视为不可变形的刚体，将焊件视为可变形体，进行网格划分，设置边界条件，建立材料模型与摩擦模型，明确搅拌头与焊件的接触关系，建立 FSW 过程仿真模型[71]。常用的数值算法包括拉格朗日（Lagrangian）法、任意拉格朗日-欧拉（arbitrary Lagrangian-Eulerian, ALE）法和耦合欧拉-拉格朗日（coupled Eulerian-Lagrangian, CEL）法。

拉格朗日法是一种分析非线性问题的数值方法，遵循连续介质的假设，利用差分格式，按时间增量步积分求解控制方程，随着网格的变化不断更新坐标。Li 等[72]以 6mm 厚 2024 铝合金为研究对象，基于拉格朗日法使用 ABAQUS 软件模拟了 FSW 搅拌头下压阶段温度分布。研究发现，搅拌头转速越高，摩擦产热量越多，焊件温度越高；下压时间越久，焊件温度越高。Li 等[72]通过仿真获得的焊件温度云图显示网格发生剧烈变形，温度存在畸变，导致温度仿真结果不切合实际。Jain 等[73]基于拉格朗日法使用 DEFORM 软件实现了 AA2024-T4 铝合金 FSW 温度场模拟，如图 1-18 所示，研究了不同搅拌针形状、焊接速度和搅拌头转速对温度分布的影响，研究发现搅拌头转速越高，焊件温度越高。Buffa 等[74]基于拉格朗日法使用 DEFORM 软件进行了 3mm 厚 7075 铝合金 FSW 过程仿真，研究了焊件的温度分布规律。研究发现，焊件温度沿焊缝基本呈对称分布，随着焊接速度降低，热影响区变大，焊件峰值温度升高。FSW 过程中焊缝材料发生流动，焊件温度瞬态变化，尤其在搅拌头下压阶段。基于拉格朗日法使用 ABAQUS 软件进行 FSW 温度场仿真会出现网格变形严重、温度畸变、计算不收敛导致的仿真异常终止等问题。使用 DEFORM 软件进行 FSW 温度场仿真时，网格畸变到一定程度会自动将过度畸变的网格重新划分成高质量的网格，但这个过程耗时较长。

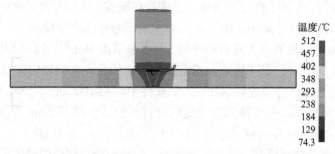

图 1-18　基于 DEFORM 软件实现 AA2024-T4 铝合金 FSW 温度场模拟

　　为克服拉格朗日法的缺点，Hirt 等[75]于 1974 年提出了 ALE 法。其基本思想是：网格节点不固定，也不依附于流体质点，而是可以相对于坐标系做任意运动。此方法已经集成到 ABAQUS 软件中。Schmidt 和 Hattel[76]通过在焊件模型上开孔避免了网格过度畸变，首次使用 ALE 法实现了 2024 铝合金 FSW 搅拌头下压、停留预热与焊接进给阶段的温度场模拟。Mandal 等[77]采用 Johnson-Cook 模型描述焊件材料等效应力、等效应变、等效应变速率和温度的耦合关系，使用 ALE 法实现了 2024 铝合金 FSW 搅拌头下压阶段的模拟。Salloomi 等[78]考虑了非线性材料属性和非线性库仑摩擦模型，基于 ALE 法利用 ABAQUS 软件实现了 7075 铝合金 FSW 温度场模拟，如图 1-19 所示，基于热电偶测温实验验证了建立的温度场模拟模型的有效性。仿真结果表明，FSW 温度场沿焊缝方向对称分布。赵旭东等[79]基于 ALE 法使用 DEFORM 软件建立了 FSW 塑性金属流动模型，模拟出金属的塑性流动情况和温度分布。Pashazadeh 等[80]基于 ALE 法使用 DEFORM 软件建立了铜板 FSW 数值分析模型，研究了铜板 FSW 温度分布与材料流动。

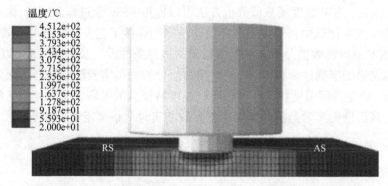

图 1-19　基于 ABAQUS 软件实现 7075 铝合金 FSW 温度场模拟

　　研究结果表明，ALE 法能够通过网格重划分功能减少网格的变形程度，比 Lagrangin 方法具有更强的网格变形处理能力，但依然存在温度失真的问题，即使增加网格重划分频率也不能完全消除网格畸变与温度失真。尤其在模拟厚度较大焊件的 FSW 搅拌头下压阶段时还是会出现网格畸变,进而导致温度失真,并且网格重划分导致网格尺寸减小、仿真耗时增加的问题也不容忽视。

CEL 法是另一种处理大变形问题的方法,最早由 Noh[81]在 1963 年提出。CEL 法具有欧拉法的优点,即网格节点固定不动,流体质点在网格内运动,不会出现网格扭曲,该方法已经集成到 ABAQUS 软件中。Al-Badour 等[82]将 CEL 法应用于 FSW 温度场仿真,基于随温度变化的材料参数,实现了 2mm 厚 6061 铝合金 FSW 温度场仿真。Al-Badour 等[83]采用 CEL 法建立了 5mm 厚 6061 与 5083 异种铝合金 FSW 温度场仿真模型。研究结果表明,焊接过程中焊件的峰值温度并未超过焊件材料的固相线温度。马核等[84]基于 CEL 法,采用 Pressure Independ Multiyield Material 模型,实现了 6mm 厚 2A14 铝合金 FSW 温度场仿真,获得了焊件随时间变化的温度场。研究发现当搅拌头转速较低或焊接速度较高时,焊接产热量较少,搅拌头前侧的材料难以迁移至搅拌头后方,进而难以形成致密的接头组织,导致焊接质量较差。朱智等[85]基于 CEL 法建立了 6061 铝合金 FSW 温度场仿真模型,分析了不同厚度截面处焊件的温度分布规律。Shokri 等[86]基于 CEL 法建立了 4mm 厚不锈钢与铜合金异种材料 FSW 过程模型,实现了焊件温度与材料流动的预测,研究了搅拌头偏置时焊件不锈钢侧与铜侧的温度变化规律。Wen 等[87]基于 CEL 法建立了 4mm 厚 2219 铝合金双轴肩 FSW 温度场仿真模型,研究了焊接过程焊缝处的温度分布规律。研究发现,沿焊件厚度方向特征点的峰值温度随与上表面距离的增加先增大后减小,下表面特征点的峰值温度高于上表面。研究结果表明,采用 CEL 法研究 FSW 温度场对焊件与搅拌头接触区域的网格尺寸有严格限制,较大的网格尺寸会造成下压阶段焊件材料过度隆起,与焊接实际情况相违背;较小的网格尺寸会造成仿真耗时增加。

综上所述,FSW 温度场数值分析方法可以模拟 FSW 全过程温度场,揭示 FSW 过程中的温度变化规律,是实现焊接温度预测和焊接工艺参数优选的有效技术手段。但 FSW 温度场数值分析方法需要精确的边界条件设定及实验验证,以保证温度场模拟结果的准确性。将 FSW 温度场数值分析法与实验法相结合,探究 FSW 温度分布、建立表面温度特征点与核心区温度特征点的关联关系,为实现 FSW 过程中核心区温度的实时监测和焊接工艺参数的实时调整奠定了技术基础。

1.4　焊接工艺参数对 FSW 温度场的影响

在 FSW 过程中,焊接速度、搅拌头转速和下压速度等焊接工艺参数均影响焊接温度场,进而影响焊接质量,如接头连接强度、微观组织及残余应力等[88-90]。因此,焊接工艺参数对 FSW 温度场的影响逐渐成为焊接工程学研究的关键问题之一。深入理解焊接工艺参数对 FSW 温度场的影响规律，以及对不同材料和不同厚度焊件的适用性等，对优选焊接工艺参数、保证焊接质量至关重要。

目前，大量学者研究了焊接工艺参数对 FSW 温度场的影响规律。杨金帅等[91]建立了异种金属 FSW 的热源仿真模型，在不同焊接工艺参数下对钢-铝 FSW 温度场过程进行仿真。结果表明，钢-铝 FSW 温度场沿厚度方向的分布呈"沙漏"形状，如图 1-20 所示。轴肩和搅拌针底部的温度较高，靠近中部区域温度逐渐降低。焊接温度随搅拌头转速的提高而升高，随焊接速度的提高而降低。赵慧慧等[92]基于嵌入式热电偶测温法进行了 6061 铝合金 FSW 实验，探究了焊接速度、搅拌头转速和下压量对焊接峰值温度的影响规律。结果表明，焊接速度越低、搅拌头转速越高，特征点峰值温度越高。Hwang 等[93]进行了 3.1mm 厚纯铜 FSW 热电偶测温实验与接头拉伸实验，研究了焊接工艺参数对特征点峰值温度的影响规律，获得了在不同焊接速度下，沿焊接进给方向不同位置特征点的实时温度。结果表明，搅拌头前进侧的温度略高于后退侧的温度，3.1mm 厚纯铜 FSW 的合适温度为 365～390℃。张浩锋[94]通过 5005 铝合金材料性能测试，得到其在高温时的热物理性能参数，在不同焊接工艺参数下基于热电偶测温法进行了 4mm 厚 5005 铝合金板的 FSW 实验，分析了焊接速度为 60mm/min、搅拌头旋转速度为 450r/min 时 FSW 不同阶段温度分布规律，以及焊缝宽度方向和焊件厚度方向不同特征点的温度变化曲线。结果表明，焊接过程中搅拌头后方区域的温度始终高于前方区域，搅拌头前进侧的温度梯度大于后退侧温度梯度。

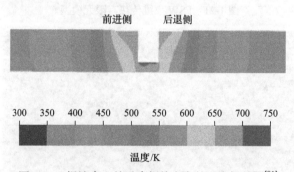

图 1-20　焊缝中心处垂直焊接方向的温度场云图[91]

有学者采用仿真模拟与实验验证相结合的方法探索焊接工艺参数对温度场的影响。Nandan 等[95]考虑了与温度相关的材料模型，建立了 FSW 过程三维黏塑性流动和温度场模型，并基于实验验证了模型的有效性。观察发现，FSW 核心区温度场呈不对称性分布，当焊接速度和搅拌头转速增大时，材料流动的趋势增强。Nhat 等[96]建立了 FSW 热源模型预测焊接过程的温度场，并基于焊接实验验证了热源模型的有效性。采用 Box-Behnken 方法探究了焊接工艺参数(搅拌头转速、焊接速度和下压量)、温度和拉伸强度之间的关联关系。结果表明，焊接温度取决于搅拌头转速、焊接速度和下压量，搅拌头转速是影响焊接温度的主要因素。Pankaj 等[97]基于有限元软件 ABAQUS，通过 DFLUX 子程序建立了 FSW 三维传热有限元模型，研究了 FSW 工艺参数(搅拌头转速和焊接速度)对温度场的影响，如图 1-21 所示。结果表明，搅拌头转速增加使热输入增加，进而提高了金属前进侧和后退侧的峰值温度，实验测温结果与仿真结果最大百分比误差为 5.57%。Sibalic 等[98]使用 DEFORM 软件建立了 7.8mm 厚 6082-T6 铝合金 FSW 温度场仿真模型，如图 1-22 所示。基于仿真模型获得的温度值略高于实验值，最大相对误差约为 10%。

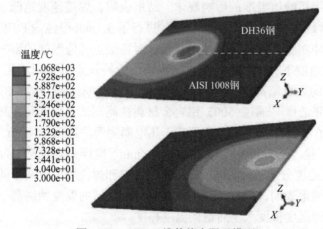

图 1-21　FSW 三维传热有限元模型

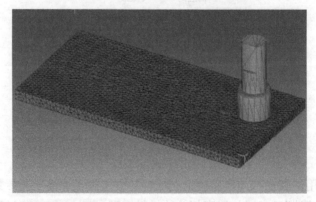

图 1-22　使用 DEFORM 软件建立的 7.8mm 厚 6082-T6 铝合金 FSW 温度场仿真模型

Dewangan 等[99]研究了焊接速度对 7075 铝合金和 5083 铝合金同种和异种材料 FSW 温度场的影响。研究结果表明，温度场对微观组织影响较大，在 20mm/min 的焊接速度下检测到晶粒尺寸为 6μm，在 45mm/min 的焊接速度下检测到晶粒尺寸为 10μm。Lambiase 等[100]基于热像仪测温法进行了 3mm 厚铝合金 FSW 实验。研究表明，搅拌头转速越高、焊接速度越低时焊接温度越高。Xu 等[101]研究了 FSW 过程中 Zener-Hollomon 参数(Z 参数)对 NZ 温度的影响，Z 参数与搅拌头转速有关，搅拌头转速越高，Z 参数越小。焊接核心区晶粒尺寸随 Z 参数的增大而减小。典型区域构成如图 1-23 所示[102]。研究结果表明，较高的主轴旋转速度导致 NZ 较高的应变速率和峰值温度[102]。

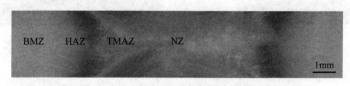

图 1-23　Al-Li 合金 FSW 接头的典型区域构成图

　　Iordache 等[103]基于 Hwang 等[93]的研究结果，以合理焊接温度为优化目标，基于 CEL 方法建立了 3mm 厚纯铜板 FSW 温度场仿真模型，获得了不同搅拌头转速与焊接速度下焊件的峰值温度，通过曲面拟合与线性回归方法建立了满足合理焊接温度要求的搅拌头转速与焊接速度的函数关系，获得了最大应变与搅拌头转速和焊接速度之间的关系，如图 1-24 所示。Trueba 等[104]采用析因实验设计方法，研究了工艺参数对 8mm 厚 6061-T6 铝合金 FSW 接头焊接温度的影响。研究发现，随着顶锻力的增加，焊缝前进侧温度增加趋势明显，且搅拌头转速和焊接速度对焊接温度影响较大。Zhang 等[105]建立了一个考虑搅拌头几何模型和不完全接触边界条件的计算流体力学模型，并进行了 5mm 厚 2024-T4 铝合金 FSW 实验，研究搅拌头倾角在 FSW 过程中对传热的影响。结果表明，在搅拌头具有倾角的情况下，由于轴肩与工作界面处出现不完全接触的情况，在前进侧会产生更高的温度，建立的几何模型如图 1-25 所示。Boukraa 等[106]采用混合方法对 8.1mm 厚 2195-T8 铝合金 FSW 工艺进行了多目标优化。该混合方法结合了田口方法和灰色关联分析

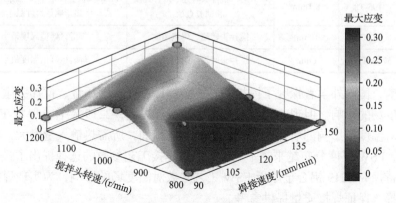

图 1-24　焊件最大应变随搅拌头转速及焊接速度之间的关系[103]

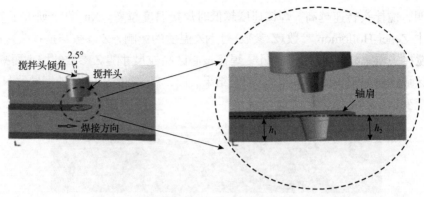

图 1-25　搅拌头倾角为 2.5°时界面处的几何模型

技术。以顶锻力、搅拌头转速、焊接速度和轴肩直径为输入参数，以热输入、NZ最高温度值和热影响区长度为输出参数，以热输入、HAZ 长度和 NZ 最高温度的最小化为优化目标。研究结果表明，顶锻力影响最大，其次是搅拌头转速，影响最小的是轴肩直径。

目前，国内外关于铝合金 FSW 工艺参数对温度场影响的研究对比如表 1-3所示。

表 1-3　铝合金 FSW 工艺参数优化研究

文献	铝合金牌号	铝合金厚度	焊接工艺参数	优化目标
[88]	2219	6mm	搅拌头转速、焊接速度和下压量	FSW 温度最小
[104]	6061-T6	8mm	搅拌头转速、焊接速度	前进侧和后退侧之间的温差绝对值最小
[105]	2024-T4	5mm	搅拌头倾角	前进侧和后退侧上的峰值温度差最小
[106]	2195-T8	8.1mm	顶锻力、搅拌头转速、焊接速度和轴肩直径	FSW 峰值温度最小，热输入最小和热影响区尺寸最小
[107]	7050	10mm	搅拌头转速、焊接速度	焊缝区峰值温度最小
[108]	5754-H111	6mm	搅拌头转速、焊接速度	焊缝区峰值温度最小

目前，国内外学者探究了搅拌头转速、焊接速度、下压量、搅拌头倾角等对焊接温度场的影响。但现有研究大多集中在薄板焊接，2219 铝合金厚板 FSW 工艺参数对温度场影响的研究较少。随着板厚的增加，所需热输入量增大，厚向温差增大，FSW 温度分布越来越不均匀，这对焊接工艺参数的选择提出了挑战。所以，亟待探究 2219 铝合金厚板 FSW 工艺参数对温度场的影响，为实现焊接工艺参数选择、保证焊接质量提供参考。

1.5 搅拌头结构参数对 FSW 温度场的影响

搅拌头是 FSW 工艺的重要组成部分，其实物如图 1-26 所示[109]，其中轴肩直径、搅拌针锥角和轴肩凹角等搅拌头结构参数影响焊接过程中的产热方式、产热量以及搅拌头周围材料流动等，进而对焊接温度场、焊缝微观组织和焊后接头力学性能产生重要影响。图 1-27[110]所示为搅拌头结构参数示意图。

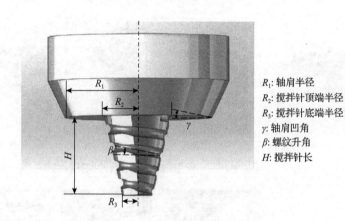

R_1: 轴肩半径
R_2: 搅拌针顶端半径
R_3: 搅拌针底端半径
γ: 轴肩凹角
β: 螺纹升角
H: 搅拌针长

图 1-26　搅拌头实物　　　　　图 1-27　搅拌头结构参数示意图

国内外学者基于实验法和数值模拟法探究了搅拌头结构参数对 FSW 温度场和焊接质量的影响规律。Bahrami 等[111]对 6mm 厚的 7075-O 铝板进行了 FSW 实验，研究了不同搅拌针结构(图 1-28)对搅拌摩擦焊接头宏观组织、微观组织和力学性能的影响。结果表明，在使用带螺纹锥形搅拌针的情况下，具有最均匀的颗粒分布。赵艺达等[112]探究了 2024 铝合金 FSW 过程中不同搅拌针锥度与搅拌针螺纹头数(图 1-29)对焊缝金属塑性流动的影响。结果表明，搅拌针锥度减小，焊缝高温区域会变宽，且采用多头螺纹和较小锥度的搅拌针，可以改善厚板焊接时温度梯度大的问题，保证焊缝力学性能。张忠科和王希靖[113]采用三维测力系统和红外测温装置对顶锻力和温度进行同步动态测量，研究了轴肩凹角和搅拌针锥角对焊接温度场和搅拌头受力的影响，发现凹轴肩比平轴肩产热高，锥形搅拌针比圆柱形搅拌针受力大，研究的四种不同搅拌头如图 1-30 所示。宿浩[114]基于实验测得了不同焊接工艺参数下的摩擦系数和滑移系数，建立了针对复杂截面形状搅拌针的 FSW 温度场模型，计算了常规的搅拌针 CT(圆台形搅拌针)、搅拌针 ST(有 4 个平面的圆台形搅拌针)和搅拌针 TT(有 3 个平面的圆台形搅拌针)(图 1-31)在焊接过程中的产热和温度分布。研究结果表明，搅拌针形貌对 FSW 过程的总产热量和轴肩处的产热分布影响很小，而对搅拌针侧面产热影响较大；搅拌针形状对最高温度的影响小于 30K，有 4 个平面的圆台形搅拌针和有 3 个平面的圆台形搅拌针在旋转过程中，搅拌针周围温度的波动幅度小于 10K。孙震[115]基于 FSW 实验探究了搅拌针螺纹特征和螺纹旋转方向对焊接接头力学性能的影响，结果表明带有右旋螺纹特征的搅拌针可以增加焊接接头的延伸率。同时建立了有螺纹特征和仅有平面特征的搅拌针热源模型，进一步研究了搅拌针螺距、螺纹头数和螺纹旋转方向对焊接温度场和材料流动的影响规律。实验法可信度高，直观，可覆盖多个研究指标，分析更全面。但实验法费时费力，成本较高。

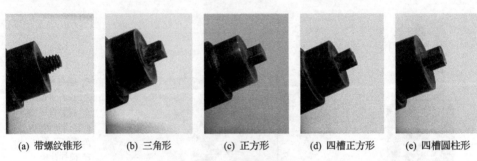

(a) 带螺纹锥形　　　(b) 三角形　　　(c) 正方形　　　(d) 四槽正方形　　　(e) 四槽圆柱形

图 1-28　　不同的搅拌针结构

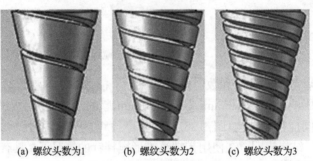

(a) 螺纹头数为1　　　(b) 螺纹头数为2　　　(c) 螺纹头数为3

图 1-29　　搅拌针螺纹头数示意图

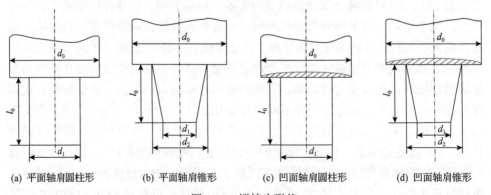

(a) 平面轴肩圆柱形　　(b) 平面轴肩锥形　　(c) 凹面轴肩圆柱形　　(d) 凹面轴肩锥形

图 1-30　　搅拌头形状

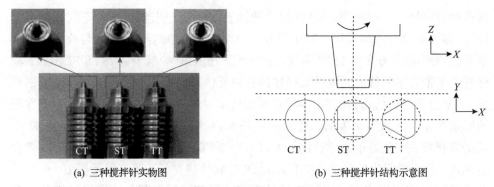

(a) 三种搅拌针实物图　　　　　(b) 三种搅拌针结构示意图

图 1-31　实验所采用的三种搅拌针

　　有些学者采用数值模拟法探究搅拌头结构参数对 FSW 温度场的影响。周哲炜[116]采用 ABAQUS 软件建立了基于移动热源的 3mm 厚 1060 铝板 FSW 温度场仿真模型，焊接温度场如图 1-32 所示，揭示了焊接过程中的温度分布和变化规律。研究结果表明，单轴肩 FSW 温度场沿焊缝左右两侧对称，呈偏心的环状样貌，其中搅拌头前进方向温度梯度最大。王大帅[117]采用 DEFORM 软件建立了 5mm 厚 AZ91 镁合金板材双轴肩搅拌摩擦焊(bobbin-tool friction stir welding, BT-FSW)全热-力耦合仿真模型，揭示了焊接过程中温度分布、材料流动和材料塑性变形规律。研究结果表明，温度场关于焊缝中心呈不对称分布，上下表面的温度场近似相同。单、双轴肩[117]FSW 示意图分别如图 1-33 和图 1-34 所示[118]，双轴肩 FSW 上、下表面温度场如图 1-35 所示。张兴民[119]设计了双轴肩和单轴肩搅拌头，进行了 6mm 厚 6061 铝合金双轴肩和单轴肩 FSW 实验，双轴肩搅拌头实物图如图 1-36 所示[120]。利用 3D 仿真软件分析焊接过程中温度场变化，并对温度场进行实验验证。仿真结果表明，FSW 与双轴肩 FSW 焊缝横截面温度分布和接头宏观形貌较吻合。温度场模拟结果与温度测量结果相对误差较小，双轴肩 FSW 后退侧峰值温度高于前进侧峰值温度，单轴肩 FSW 后退侧峰值温度与前进侧峰值温度无明显差异。两者在厚度方向上温度分布均存在各层异性，双轴肩 FSW 上、下表面温度场近似对称，中心温度场高温区分布最小。高月华等[121]基于 DEFORM 软件研究了轴肩凹角和搅拌针锥角的独立变化对 FSW 温度的影响。结果表明，随轴肩凹角增大，焊接温度呈非线性升高，且其变化敏感度逐渐减小，并得出轴肩凹角和搅拌针锥角不宜过大或过小的结论，当轴肩凹角和搅拌针锥角分别取 3°和 5°时，焊接过程中温度较佳，可提高焊接质量。顾乃建[122]基于传热理论和计算流体力学理论，建立三维计算模型，对 FSW 温度场展开研究，改进了基于线能量的摩擦系数预测-修正方案，通过 ABAQUS 子程序 DFLUX 将焊接移动热源、原摩擦系数预测-修正方案以及改进后的摩擦系数预测-修正方案添加到模型中；对平轴肩-圆柱针、平轴肩-

圆台针(圆锥针)、凹轴肩-圆柱针以及凹轴肩-圆台针(圆锥针)四种不同搅拌头的
FSW 温度场进行数值模拟,对比和分析原摩擦系数预测-修正方案与改进后的摩
擦系数预测-修正方案对 FSW 温度场的影响。汪玉琳[123]基于 ANSYS/FLUENT 软
件开发了带有平面特征的搅拌头焊接的有限元仿真模型,对 12mm 厚 7N01 铝合
金 FSW 过程进行仿真,探究了搅拌针平面特征对焊缝温度场和焊接接头组织性能
的影响规律。仿真结果表明,使用三棱柱形搅拌针(图 1-37[124]),进行 FSW 得
到的焊接接头有较好的力学性能。Aval 等[125]研究了搅拌头几何参数对 5086 铝合
金 FSW 热-力学行为的影响,基于 ABAQUS 软件建立了三维有限元模型,预测了
使用不同搅拌头焊接时材料的热机械响应,研究了轴肩凹角、搅拌针锥角等对
FSW 温度场的影响。结果表明,带螺纹锥形搅拌针产生的热量与摩擦耗散的热量
之比比轴肩直径相同的圆柱形搅拌针大 44%。数值模拟法具有成本低、效率高、
可控性强等优点,克服了极端条件下实验难度高等缺点。但是数值模拟法也有弊
端,如大多数仿真难以考虑搅拌头细节形貌特征对 FSW 温度场的影响,而基于计
算流体力学建立模型模拟 FSW 温度场的方法,虽然可以考虑搅拌头的结构尺寸和
细节形貌对焊接温度场的影响,但通常忽略了焊接过程中焊件材料塑性变形产热对
焊接温度场的影响,不能很好地模拟焊件前进侧和后退侧温度场的区别,仿真结果
精度不够高。

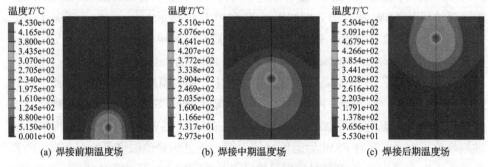

(a) 焊接前期温度场　　　　(b) 焊接中期温度场　　　　(c) 焊接后期温度场

图 1-32　焊接前、中、后期温度场

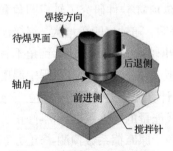

图 1-33　单轴肩 FSW 示意图

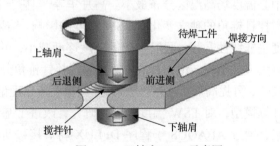

图 1-34　双轴肩 FSW 示意图

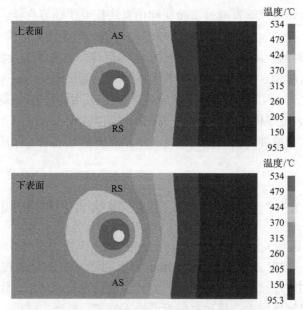

图 1-35 双轴肩 FSW 上、下表面温度场

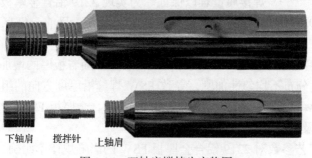

图 1-36 双轴肩搅拌头实物图

图 1-37 三棱柱形搅拌针实物图

目前，国内外专家学者通过实验法和仿真法探究了轴肩直径、搅拌针锥角和轴肩凹角等搅拌头结构参数对 FSW 温度场的影响。但搅拌头结构参数对 2219 铝合金厚板 FSW 对温度场影响的研究较少，且厚板焊件本身网格数量较多，温度分布规律未知，这对建立考虑搅拌头细节形貌的 2219 铝合金厚板 FSW 温度场高精度仿真提出了挑战。因此，亟待建立考虑搅拌头轴肩凹角及搅拌头螺纹等细节形貌特征的 2219 铝合金厚板 FSW 温度场三维仿真模型，研究搅拌头结构参数对 FSW 温度场的影响，为搅拌头结构优化设计、焊接工艺参数优选及保证焊接质量奠定基础。

1.6 2219 铝合金厚板 FSW 温度场及工艺研究面临的挑战

目前，在我国相关标准中尚没有对 2219 铝合金厚板的明确界定，领域内专家学者通常认为在 FSW 过程中，厚度 10mm 以上的 2219 铝合金可视为厚板[126-129]。随着板厚的增加，焊接热输入量增大、焊接高温持续时间增长，焊板上、下表面温差增大，温度梯度增大，导致材料流动性不均匀，易产生隧道、弱结合和未焊透等焊接缺陷[130,131]，焊接质量难以保证。为实现 2219 铝合金厚板高质量焊接，亟待进行 2219 铝合金厚板 FSW 温度场及工艺研究。目前，仍存在以下难题和挑战。

（1）2219 铝合金厚板 FSW 温度分布规律复杂。随着板厚的增加，厚向温差增大，FSW 温度分布不均匀性加剧，导致 FSW 焊缝沿厚度方向的组织和力学性能不均匀，影响焊接质量。因此，亟待研究 2219 铝合金厚板 FSW 温度分布，探究温度分布梯度及变化范围。

（2）焊接工艺参数对 2219 铝合金厚板 FSW 的影响规律不明确，工艺参数间交互作用影响规律不明确。不同的焊接工艺参数（搅拌头倾角、焊接速度、搅拌头转速和下压速度等）组合会影响接头区域的温度分布和热循环状态，进而影响焊接质量，同时焊接工艺参数是相互影响的，这使得最佳工艺参数选择变得困难。

（3）搅拌头结构参数对 FSW 温度场的影响规律不明确。搅拌头是 FSW 过程中的核心部件，搅拌头结构参数如轴肩直径、轴肩凹角和搅拌针螺纹细节形貌特征等直接影响 FSW 过程中的产热方式、产热量以及搅拌头周围的材料流动状态，进而影响焊接温度场以及力学性能。

（4）2219 铝合金厚板 FSW 核心区温度场在位表征困难。焊接核心区温度分布规律未知，材料塑性流动规律复杂，核心区温度直接影响 FSW 接头质量。由于搅拌头旋转、轴肩遮挡等原因无法直接测量 FSW 过程中的核心区温度，采用数值模拟的方式难以实现核心区温度的实时表征，因此亟待探究 2219 铝合金厚板 FSW 核心区温度场在位表征技术。

参 考 文 献

[1] Narayana G V, Sharma V M J, Diwakar V, et al. Fracture behaviour of aluminium alloy 2219-T87 welded plates[J]. Science and Technology of Welding and Joining, 2004, 9(2): 121-130.

[2] Liu J X, Yue W, Liang J, et al. Effects of evaluated temperature on tribological behaviors of micro-arc oxidated 2219 aluminum alloy and their field application[J]. The International Journal of Advanced Manufacturing Technology, 2018, 96(5-8): 1725-1740.

[3] 刘志华, 赵兵, 赵青. 21 世纪航天工业铝合金焊接工艺技术展望[J]. 导弹与航天运载技术, 2002, (5): 63-68.

[4] 罗金山. 重型车辆铝合金轮辋焊锻复合成形研究[D]. 太原: 中北大学, 2009.

[5] 孙玉娟. 航天高强铝合金熔焊接头金相的定量分析[D]. 北京: 北京工业大学, 2015.

[6] 李龙, 吕金明, 严安, 等. 铝合金装甲材料的应用及发展[J]. 兵器材料科学与工程, 2017, 40(6): 105-113.

[7] 张丽娇. 航空航天高强铝合金材料应用及发展趋势研究[J]. 新材料产业, 2021, (3): 7-11.

[8] 孔祥峰. 氧化膜对 2219 铝合金 FSW 与 VPPA 交叉焊缝性能的影响[D]. 上海: 上海交通大学, 2011.

[9] 付文侦. 2219 铝合金搅拌摩擦焊焊缝脉动时效强化效应与规律[D]. 长沙: 中南大学, 2022.

[10] 缪日平. 深冷多向锻对 2219 铝合金组织性能的影响及工艺试验研究[D]. 长沙: 中南大学, 2022.

[11] 刘春飞. 运载贮箱用 2219 类铝合金的电子束焊[J]. 航天制造技术, 2002, (4): 3-9.

[12] 刘春飞. 新一代运载火箭箱体材料的选择[J]. 航空制造技术, 2003, (2): 22-27.

[13] Mishra R S, Ma Z Y. Friction stir welding and processing[J]. Materials Science and Engineering: R: Reports, 2005, 50(1-2): 1-78.

[14] Yang X W, Meng T X, Su Y, et al. Study on relieving residual stress of friction stir welded joint of 2219 aluminum alloy using cold spraying[J]. Materials Characterization, 2023, 206: 113417.

[15] 夏韦美. 6061 铝合金搅拌摩擦焊完全热力耦合数值仿真及试验研究[D]. 桂林: 桂林理工大学, 2020.

[16] 徐祥来. 搅拌摩擦焊 H13 钢工具强韧性梯度调控与接头缺陷研究[D]. 北京: 北京科技大学, 2023.

[17] 张琪, 叶鹏程, 杨中玉, 等. 汽车轻量化连接技术的应用现状与发展趋势[J]. 有色金属加工, 2019, 48(1): 1-9.

[18] 张忠科. 搅拌摩擦焊接过程的多场检测及耦合关键问题研究[D]. 兰州: 兰州理工大学, 2009.

[19] 安丽, 钱炜, 邹青峰, 等. 2A14-T6 铝合金双轴肩搅拌摩擦焊接温度场研究[J]. 热加工工艺, 2015, 44(5): 225-229.

[20] 周宇. 2219 铝合金厚板 FSW 温度场及接头性能研究[D]. 大连: 大连理工大学, 2022.

[21] 张涛. AZ31/5083 镁铝异质合金搅拌摩擦焊工艺参数及焊接接头性能的研究[D]. 重庆: 重庆交通大学, 2021.

[22] 贺地求, 胡雷, 赵志峰, 等. 超声功率对 2219-T351 铝合金搅拌摩擦焊接头组织与性能的影响[J]. 焊接学报, 2020, 41(3): 23-28, 98.

[23] 贺地求, 邓航, 周鹏展. 2219 厚板搅拌摩擦焊组织及性能分析[J]. 焊接学报, 2007, 28(9): 13-16, 113.

[24] 朱晓腾, 梁凯铭, 张华, 等. 6082 铝合金搅拌摩擦焊接头性能及腐蚀行为[J]. 有色金属工程, 2023, 13(11): 16-22.

[25] Benavides S, Li Y, Murr L E, et al. Low-temperature friction-stir welding of 2024 aluminum[J]. Scripta Materialia, 1999, 41(8): 809-815.

[26] Mostafapour A, Ebrahimpour A, Saeid T. Numerical and experimental study on the effects of welding environment and input heat on properties of FSSWed TRIP steel[J]. The International Journal of Advanced Manufacturing Technology, 2017, 90(1-4): 1131-1143.

[27] 杜正勇. 2219 铝合金双轴肩搅拌摩擦焊工艺优化及接头组织性能研究[D]. 哈尔滨: 哈尔滨工业大学, 2018.

[28] Chaudhary B, Patel V, Ramkumar P L, et al. Temperature distribution during friction stir welding of AA2014 aluminum alloy: Experimental and statistical analysis[J]. Transactions of the Indian Institute of Metals, 2019, 72(4): 969-981.

[29] 王红宾, 白钢, 付春坤, 等. 7050 铝合金搅拌摩擦焊接头软化区温度检测[J]. 航空精密制造技术, 2012, 48(4): 39-41.

[30] 李于朋, 孙大千, 宫文彪. 6082-T6 铝合金薄板双轴肩搅拌摩擦焊温度场[J]. 吉林大学学报(工学版), 2019, 49(3): 836-841.

[31] Silva-Magalhães A, De Backer J, Martin J, et al. In-situ temperature measurement in friction stir welding of thick section aluminium alloys[J]. Journal of Manufacturing Processes, 2019, 39: 12-17.

[32] 李敬勇, 赵阳阳, 亢晓亮. 搅拌摩擦焊过程中搅拌头温度场分布特征[J]. 焊接学报, 2014, 35(3): 66-70, 116.

[33] Fehrenbacher A, Schmale J R, Zinn M R, et al. Measurement of tool-workpiece interface temperature distribution in friction stir welding[J]. Journal of Manufacturing Science and Engineering, 2014, 136(2): 021009.

[34] Zhai M, Wu C S, Su H. Influence of tool tilt angle on heat transfer and material flow in friction stir welding[J]. Journal of Manufacturing Processes, 2020, 59: 98-112.

[35] 翟明, 武传松. 搅拌头/工件界面峰值温度的测量及预测[J]. 机械工程学报, 2021, 57(4): 36-43.

[36] de Backer J, Bolmsjö G. Thermoelectric method for temperature measurement in friction stir welding[J]. Science and Technology of Welding & Joining, 2013, 18(7): 558-565.

[37] Silva A C F, de Backer J, Bolmsjö G. Temperature measurements during friction stir welding[J]. The International Journal of Advanced Manufacturing Technology, 2017, 88(9-12): 2899-2908.

[38] 刘迪. 搅拌摩擦焊隔热搅拌头研究[D]. 杭州: 浙江理工大学, 2016.

[39] Dickerson T, Shi Q Y, Shercliff H R. Heat flow into friction stir welding tools[C]. The 4th International Symposium on Friction Stir Welding, Park City, 2003: 14-16.

[40] 张凯越. 基于红外幅射和迭代算法的铝合金温度场测量研究[D]. 秦皇岛: 燕山大学, 2023.

[41] 王昌盛, 熊江涛, 李京龙, 等. 2024 铝合金搅拌摩擦焊焊缝区疲劳过程中的温度演变[J]. 材料工程, 2015, 43(9): 53-59.

[42] 王志康. 基于红外热图像的搅拌摩擦接温度检测[D]. 秦皇岛: 燕山大学, 2020.

[43] 万心勇, 胡志力, 庞秋, 等. 铝合金高速 FSW 热输入模型及焊缝峰值温度研究[J]. 稀有金属材料与工程, 2019, 48(6): 1990-1995.

[44] Sheikh-Ahmad J Y, Ali D S, Deveci S, et al. Friction stir welding of high density polyethylene-carbon black composite[J]. Journal of Materials Processing Technology, 2019, 264: 402-413.

[45] Casavola C, Cazzato A, Moramarco V, et al. Temperature field in FSW process: Experimental measurement and numerical simulation[C]. Proceedings of the Annual Conference on Experimental and Applied Mechanics, Greenville, 2014: 177-186.

[46] Serio L M, Palumbo D, Galietti U, et al. Monitoring of the friction stir welding process by means of thermography[J]. Nondestructive Testing and Evaluation, 2016, 31(4): 371-383.

[47] Casavola C, Cazzato A, Moramarco V, et al. Influence of the clamps configuration on residual stresses field in friction stir welding process[J]. The Journal of Strain Analysis for Engineering Design, 2015, 50(4): 232-242.

[48] 张玉存, 崔妍, 付献斌, 等. 搅拌摩擦焊核心区温度在线检测方法[J]. 中国机械工程, 2019, 30(14): 1653-1657.

[49] Dharmaraj K J, Cox C D, Strauss A M, et al. Ultrasonic thermometry for friction stir spot welding[J]. Measurement, 2014, 49: 226-235.

[50] McClure J C, Tang W, Murr L E, et al. A thermal model of friction stir welding[C]. ASM Proceedings of the International Conference: Trends in Welding Research, Pine Mountain, 1998: 590-595.

[51] Russell M J, Shercliff H. Analytical modelling of friction stir welding[J]. Analytical Modelling of Friction Stir Welding Russell, 1999, 98: 197-207.

[52] Chao Y J, Qi X H. Thermal and thermo-mechanical modeling of friction stir welding of aluminum alloy 6061-T6[J]. Journal of Materials Processing and Manufacturing Science, 1998,

7（2）：215-233.

[53] 汪建华, 姚舜, 魏良武, 等. 搅拌摩擦焊接的传热和力学计算模型[J]. 焊接学报, 2000,（4）：61-64, 100.

[54] Frigaard Ø, Grong Ø, Midling O T. A process model for friction stir welding of age hardening aluminum alloys[J]. Metallurgical and Materials Transactions A, 2001, 32（5）：1189-1200.

[55] Song M, Kovacevic R. Thermal modeling of friction stir welding in a moving coordinate system and its validation[J]. International Journal of Machine Tools and Manufacture, 2003, 43（6）：605-615.

[56] Schmidt H, Hattel J, Wert J. An analytical model for the heat generation in friction stir welding[J]. Modelling and Simulation in Materials Science and Engineering, 2004, 12（1）：143-157.

[57] 李红克, 史清宇, 赵海燕, 等. 热量自适应搅拌摩擦焊热源模型[J]. 焊接学报, 2006, 27（11）：81-85, 117.

[58] Gadakh V S, Adepu K. Heat generation model for taper cylindrical pin profile in FSW[J]. Journal of Materials Research and Technology, 2013, 2（4）：370-375.

[59] 郭柱, 朱浩, 崔少朋, 等. 7075 铝合金搅拌摩擦焊接头温度场及残余应力场的有限元模拟[J]. 焊接学报, 2015, 36（2）：92-96, 117, 118.

[60] 朱智, 王敏, 张会杰, 等. 高强铝合金薄板搅拌摩擦焊残余应力及变形的热力耦合模拟[J]. 塑性工程学报, 2017, 24（2）：217-222.

[61] 万胜强, 吴运新, 龚海, 等. 2219铝合金搅拌摩擦焊温度与残余应力热力耦合模拟[J]. 热加工工艺, 2019, 48（13）：159-163.

[62] Bonifaz E A. A new thermal model in SAE-AISI 1524 friction stir welding[J]. Defect and Diffusion Forum, 2019, 390: 53-63.

[63] Liu W M, Yan Y F, Sun T, et al. Influence of cooling water temperature on ME20M magnesium alloy submerged friction stir welding: A numerical and experimental study[J]. The International Journal of Advanced Manufacturing Technology, 2019, 105（12）：5203-5215.

[64] Liu X Q, Yu Y, Yang S L, et al. A modified analytical heat source model for numerical simulation of temperature field in friction stir welding[J]. Advances in Materials Science and Engineering, 2020, 2020: 1-16.

[65] Kadian A K, Biswas P. Effect of tool pin profile on the material flow characteristics of AA6061[J]. Journal of Manufacturing Processes, 2017, 26: 382-392.

[66] Eyvazian A, Hamouda A, Tarlochan F, et al. Simulation and experimental study of underwater dissimilar friction-stir welding between aluminium and steel[J]. Journal of Materials Research and Technology, 2020, 9（3）：3767-3781.

[67] 周文静, 杜柏松, 卢小明. 铝合金搅拌摩擦焊温度场数值模拟及参数影响分析[J]. 热加工

工艺, 2021, 50(7): 156-160.

[68] Su H, Wu C S. Numerical simulation for the optimization of polygonal pin profiles in friction stir welding of aluminum[J]. Acta Metallurgica Sinica (English Letters), 2021, 34(8): 1065-1078.

[69] Yang Z Y, Wang Y L, Domblesky J P, et al. Development of a heat source model for friction stir welding tools considering probe geometry and tool/workpiece interface conditions[J]. International Journal of Advanced Manufacturing Technology, 2021, 114(5-6): 1787-1802.

[70] Andrade D G, Leitão C, Dialami N, et al. Analysis of contact conditions and its influence on strain rate and temperature in friction stir welding[J]. International Journal of Mechanical Sciences, 2021, 191: 106095.

[71] 卢晓红, 乔金辉, 周宇, 等. 搅拌摩擦焊温度场研究进展[J]. 吉林大学学报(工学版), 2023, 53(1): 1-17.

[72] Li W Y, Yu M, Li J L, et al. Explicit finite element analysis of the plunge stage of tool in friction stir welding[J]. Materials Science Forum, 2009, 620-622: 233-236.

[73] Jain R, Pal S K, Singh S B. A study on the variation of forces and temperature in a friction stir welding process: A finite element approach[J]. Journal of Manufacturing Processes, 2016, 23: 278-286.

[74] Buffa G, Hua J, Shivpuri R, et al. A continuum based FEM model for friction stir welding-model development[J]. Materials Science and Engineering: A, 2006, 419(1-2): 389-396.

[75] Hirt C W, Amsden A A, Cook J L. An arbitrary Lagrangian-Eulerian computing method for all flow speeds[J]. Journal of Computational Physics, 1974, 14(3): 227-253.

[76] Schmidt H, Hattel J. A local model for the thermomechanical conditions in friction stir welding[J]. Modelling and Simulation in Materials Science and Engineering, 2005, 13(1): 77-93.

[77] Mandal S, Rice J, Elmustafa A A. Experimental and numerical investigation of the plunge stage in friction stir welding[J]. Journal of Materials Processing Technology, 2008, 203(1-3): 411-419.

[78] Salloomi K N, Hussein F I, Al-Sumaidae S N M. Temperature and stress evaluation during three different phases of friction stir welding of AA 7075-T651 alloy[J]. Modelling and Simulation in Engineering, 2020, 2020: 1-11.

[79] 赵旭东, 张忠科, 孙丙岩, 等. 基于 DEFORM 的 FSW 过程数值模拟及流动分析[J]. 机械研究与应用, 2009, 22(3): 43-46.

[80] Pashazadeh H, Teimournezhad J, Masoumi A. Numerical investigation on the mechanical, thermal, metallurgical and material flow characteristics in friction stir welding of copper sheets with experimental verification[J]. Materials and Design, 2014, 55: 619-632.

[81] Noh W F. CEL: A time-dependent two-space-dimension coupled Eulerian-Lagrangian code[D]. Los Angeles: University of California, 1963.

[82] Al-Badour F, Merah N, Shuaib A, et al. Coupled Eulerian Lagrangian finite element modeling of friction stir welding processes[J]. Journal of Materials Processing Technology, 2013, 213（8）: 1433-1439.

[83] Al-Badour F, Merah N, Shuaib A, et al. Thermo-mechanical finite element model of friction stir welding of dissimilar alloys[J]. The International Journal of Advanced Manufacturing Technology, 2014, 72（5-8）: 607-617.

[84] 马核, 田志杰, 熊林玉, 等. 2A14-T6 铝合金搅拌摩擦焊温度场及黏流层数值模拟分析[J]. 航空制造技术, 2018, 61（8）: 55-61.

[85] 朱智, 王敏, 张会杰, 等. 基于 CEL 方法搅拌摩擦焊材料流动及缺陷的模拟[J]. 中国有色金属学报, 2018, 28（2）: 294-299.

[86] Shokri V, Sadeghi A, Sadeghi M H. Thermomechanical modeling of friction stir welding in a Cu-DSS dissimilar joint[J]. Journal of Manufacturing Processes, 2018, 31: 46-55.

[87] Wen Q, Li W Y, Gao Y J, et al. Numerical simulation and experimental investigation of band patterns in bobbin tool friction stir welding of aluminum alloy[J]. The International Journal of Advanced Manufacturing Technology, 2019, 100（9-12）: 2679-2687.

[88] 梁宇. 搅拌摩擦焊温度在线检测与工艺参数-温度回归模型[D]. 长沙: 中南大学, 2022.

[89] Fujii H, Sun Y F, Kato H. Microstructure and mechanical properties of friction stir welded pure Mo joints[J]. Scripta Materialia, 2011, 64（7）: 657-660.

[90] 赵刚, 颜旭, 王立梅, 等. 焊接工艺参数对 10mm 厚 2219 铝合金双轴肩搅拌摩擦焊焊缝质量和性能的影响[J]. 焊接, 2022, （12）: 13-19.

[91] 杨金帅, 刘含莲, 黄传真, 等. 基于 Fluent 的钢-铝异种金属搅拌摩擦焊数值模拟研究[J]. 焊接技术, 2020, 49（8）: 11-15, 105.

[92] 赵慧慧, 封小松, 熊艳艳, 等. 铝合金 6061 高转速无倾角微搅拌摩擦焊温度分布研究[J]. 电焊机, 2014, 44（4）: 71-77.

[93] Hwang Y M, Kang Z W, Chiou Y C, et al. Experimental study on temperature distributions within the workpiece during friction stir welding of aluminum alloys[J]. International Journal of Machine Tools and Manufacture, 2008, 48（7-8）: 778-787.

[94] 张浩锋. 5005 铝合金搅拌摩擦焊接实验与温度场数值模拟研究[D]. 南昌: 华东交通大学, 2016.

[95] Nandan R, DebRoy T, Bhadeshia H. Recent advances in friction-stir welding-process, weldment structure and properties[J]. Progress in Materials Science, 2008, 53（6）: 980-1023.

[96] Nhat T M, Thanh T Q, Thong T V, et al. Heat transfer simulations and analysis of joint cross-sectional microstructure on friction stir welding between steel and aluminium[J]. Key

Engineering Materials, 2020, 863: 85-95.

[97] Pankaj P, Tiwari A, Biswas P, et al. A three-dimensional heat transfer modelling and experimental study on friction stir welding of dissimilar steels[J]. Journal of the Brazilian Society of Mechanical Sciences and Engineering, 2020, 42 (9) : 467.

[98] Sibalic N, Vukcevic M, Janjic M, et al. A study on friction stir welding of AlSi1MgMn aluminium alloy plates [J]. Tehnicki Vjesnik-Technical Gazette, 2016, 23 (3) : 653-660.

[99] Dewangan S K, Tripathi M K, Manoj M K. Effect of welding speeds on microstructure and mechanical properties of dissimilar friction stir welding of AA7075 and AA5083 alloy[J]. Materials Today Proceedings, 2020, 27 (3) : 2713-2717.

[100] Lambiase F, Paoletti A, Di Ilio A. Forces and temperature variation during friction stir welding of aluminum alloy AA6082-T6[J]. The International Journal of Advanced Manufacturing Technology, 2018, 99 (1-4) : 337-346.

[101] Xu N, Feng R N, Guo W F, et al. Effect of Zener-Hollomon parameter on microstructure and mechanical properties of copper subjected to friction stir welding[J]. Acta Metallurgica Sinica (English Letters), 2020, 33 (2) : 319-326.

[102] Wang F F, Li W Y, Shen J, et al. Effect of tool rotational speed on the microstructure and mechanical properties of bobbin tool friction stir welding of Al-Li alloy[J] Materials and Design, 2015, 86: 933-940.

[103] Iordache M D, Badulescu C, Diakhate M, et al. A numerical strategy to identify the FSW process optimal parameters of a butt-welded joint of quasi-pure copper plates: Modeling and experimental validation[J]. The International Journal of Advanced Manufacturing Technology, 2021, 115 (7-8) : 2505-2520.

[104] Trueba L, Torres M A, Johannes L B, et al. Process optimization in the self-reacting friction stir welding of aluminum 6061-T6[J]. International Journal of Material Forming, 2018, 11 (4) : 559-570.

[105] Zhang S, Shi Q Y, Liu Q, et al. Effects of tool tilt angle on the in-process heat transfer and mass transfer during friction stir welding[J]. International Journal of Heat and Mass Transfer, 2018, 125: 32-42.

[106] Boukraa M, Chekifi T, Lebaal N. Friction stir welding of aluminum using a multi-objective optimization approach based on both Taguchi method and grey relational analysis[J]. Experimental Techniques, 2023, 47 (3) : 603-617.

[107] 江小辉, 姚梦灿, 张翼, 等. 大厚度铝合金搅拌摩擦焊接的仿真与实验研究[J]. 制造技术与机床, 2023, (8) : 133-140.

[108] De Filippis L A C, Serio L M, Palumbo D, et al. Optimization and characterization of the friction stir welded sheets of AA 5754-H111: Monitoring of the quality of joints with

thermographic techniques[J]. Materials, 2017, 10(10): 1165.

[109] Lu X H, Luan Y H, Meng X Y, et al. Temperature distribution and mechanical properties of FSW medium thickness aluminum alloy 2219[J]. The International Journal of Advanced Manufacturing Technology, 2022, 119(11-12): 7229-7241.

[110] 卢晓红, 孙旭东, 滕乐, 等. 2219 铝合金厚板搅拌摩擦焊搅拌头结构参数优化[J]. 焊接, 2022, (10): 1-7.

[111] Bahrami M, Besharati Givi M K, Dehghani K, et al. On the role of pin geometry in microstructure and mechanical properties of AA7075/SiC nano-composite fabricated by friction stir welding technique[J]. Materials & Design, 2014, 53: 519-527.

[112] 赵艺达, 柯黎明, 刘奋成, 等. 搅拌针锥度和螺纹头数对厚板铝合金FSW焊缝金属迁移的影响[J]. 焊接学报, 2016, 37(10): 46-50, 131, 132.

[113] 张忠科, 王希靖. 搅拌头形状对搅拌头受力和温度的影响[J]. 兰州理工大学学报, 2010, 36(4): 17-20.

[114] 宿浩. 搅拌针截面形状对搅拌摩擦焊接热过程和塑性材料流动的影响[D]. 济南: 山东大学, 2016.

[115] 孙震. 搅拌针几何特征对FSW焊接热过程和材料流动的影响[D]. 济南: 山东大学, 2019.

[116] 周哲炜. 1060 铝板搅拌摩擦焊工艺参数与力学性能关系研究[D]. 杭州: 浙江理工大学, 2021.

[117] 王大帅. 双轴肩搅拌摩擦焊数值模拟分析[D]. 大连: 大连交通大学, 2021.

[118] 刘朝磊. 6061 铝合金双轴肩搅拌摩擦焊工艺及机理研究[D]. 哈尔滨: 哈尔滨工业大学, 2015.

[119] 张兴民. 6061-T6 铝合金双轴肩搅拌摩擦焊工艺及数值模拟研究[D]. 济南: 山东大学, 2016.

[120] 刘亮. 6082-T6 铝合金双轴肩搅拌摩擦焊接头微观组织及力学性能的研究[D]. 长春: 吉林大学, 2019.

[121] 高月华, 潘杨, 刘其鹏. 搅拌头几何对AZ91镁合金搅拌摩擦焊温度场及材料变形的影响[J]. 大连交通大学学报, 2020, 41(3): 51-57.

[122] 顾乃建. 搅拌摩擦焊温度场及流场数值模拟[D]. 大连: 大连交通大学, 2019.

[123] 汪玉琳. 多平面搅拌头设计及其对接头组织性能的影响研究[D]. 北京: 北京交通大学, 2020.

[124] Thomas W M, Wiesner C S, Marks D J, et al. Conventional and bobbin friction stir welding of 12% chromium alloy steel using composite refractory tool materials[J]. Science & Technology of Welding & Joining, 2009, 14(3): 247-253.

[125] Aval H J, Serajzadeh S, Kokabi A H. The influence of tool geometry on the thermo-mechanical and microstructural behaviour in friction stir welding of AA5086[J]. Proceedings of the

Institution of Mechanical Engineers Part C: Journal of Mechanical Engineering Science, 2011, 225(1): 1-16.

[126] 陈志元, 张晓鸿, 林鹏, 等. 2219 铝合金厚板 TIG 焊接头组织与力学性能研究[J]. 宇航材料工艺, 2023, 53(1): 64-68.

[127] 徐韦锋, 刘金合, 朱宏强. 2219 铝合金厚板搅拌摩擦焊接温度场数值模拟[J]. 焊接学报, 2010, 31(2). 63-66, 78, 116.

[128] Mastanaiah P, Sharma A, Reddy G M. Role of hybrid tool pin profile on enhancing welding speed and mechanical properties of AA2219-T6 friction stir welds[J]. Journal of Materials Processing Technology, 2018, 257: 257-269.

[129] Chang Z L, Huang M H, Wang X B, et al. Microstructure evolution and mechanical properties of thick 2219 aluminum alloy welded joints by electron-beam welding[J]. Materials, 2023, 16(21): 7028.

[130] 毛育青, 柯黎明, 刘奋成, 等. 铝合金厚板搅拌摩擦焊焊缝疏松缺陷形成机理[J]. 航空学报, 2017, 38(3): 256-264.

[131] 计鹏飞, 张仲宝, 赵光辉, 等. 转速对 20mm 厚 2219 铝合金搅拌摩擦焊接件的组织及性能的影响[J]. 宇航材料工艺, 2022, 52(3): 56-61.

第2章　基于实验的 2219 铝合金厚板 FSW 温度场表征

2.1　FSW 温度场检测和分析系统开发

为了实现 FSW 过程中焊件温度场的高精度实时获取,基于热电偶测温技术和 LabVIEW 编程技术,开发了 FSW 温度场检测和分析系统,实现对 2219 铝合金厚板 FSW 过程中焊件温度场的实时检测与分析,为揭示温度分布规律、优选工艺参数、实现基于温度的焊接过程控制提供基础。

2.1.1　基于 K 型热电偶的硬件系统开发

硬件系统以热电偶为基础,热电偶根据热电效应感知焊接温度并将其转换为热电势信号。温度变送器对热电势信号进行冷端补偿放大处理,再由线性电路消除热电势与温度的非线性误差,转换为 0～5V 标准电压信号。数据采集卡将标准电压信号转换为数字信号,并将采集的各个通道的温度数据传输到计算机中。系统信号传输流程如图 2-1 所示。

图 2-1　系统信号传输流程图

整个信号传输过程需要依托合适的元件来实现,以保证测量的数据准确、稳定传输,因此,硬件选型极为重要。下面对硬件系统的主要元器件:温度传感器、温度变送器、数据采集卡等的选型进行详细介绍。

热电偶测温技术广泛应用于工业生产过程中,热电偶基于热电效应建立电势与温度的关联关系,实现实时高精度测温,原理如图 2-2 所示。

热端 A、B 两种不同材质的金属导线在测量温度 T_{MJ} 下产生温差,形成电势 e_{AB};参考温度为 T_{RJ},两种金属和冷端导线 C 也产生电势 e_{AC} 和 e_{CB}。此时冷端导线末端的热电势 E 为

$$
\begin{aligned}
E &= -e_{AC}(T_{RJ}) + e_{AB}(T_{MJ}) - e_{CB}(T_{RJ}) \\
&= e_{AB}(T_{MJ}) - e_{AB}(T_{RJ}) \\
&= E_{AB}(T_{MJ}, T_{RJ})
\end{aligned}
\tag{2-1}
$$

式中，$E_{AB}(T_{MJ}, T_{RJ})$ 是热端材料为 A、B 的热电偶在测量温度为 T_{MJ}、参考温度为 T_{RJ} 时的输出电势。通过后续的标定，可以实现热电势与温度的线性表征关系。

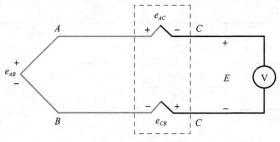

图 2-2　热电偶原理

　　热电偶使用环境存在差异，因此逐渐形成了不同类型的热电偶来适应不同的测试环境。目前，我国确定了十种类型热电偶[1]，各种热电偶的类型、允差值和有效温度范围及特点如表 2-1 所示。

表 2-1　热电偶分类

类型	允差值(±℃)和有效温度范围			特点
	1 级	2 级	3 级	
T 型	0.5 或 0.004|T|	1 或 0.0075|T|	1 或 0.015|T|	价格低廉，精度较高，适于低温测量，容易氧化
	−40～350℃	−40～350℃	−200～40℃	
E 型	1.5 或 0.004|T|	2.5 或 0.0075|T|	2.5 或 0.015|T|	价格低廉，热电势较大，适于中低温测量，还原环境下稳定性差
	−40～800℃	−40～900℃	−200～40℃	
J 型	−40～750℃	−40～750℃	—	价格低廉，可在还原性环境中使用，正极铁容易生锈
K 型	−40～1000℃	−40～1200℃	−200～40℃	抗氧化性强，适用于中高温测量，不适于还原环境，灵敏度较高
N 型	−40～1000℃	−40～1200℃	−200～40℃	抗氧化性强，使用寿命和高温稳定性较高，灵敏度较低
R 型或 S 型	$t<1100℃$ 时为 1　$t>1100℃$ 时为 $1+0.003(T-1100)$	1.5 或 0.0025|T|	4 或 0.005|T|	测量范围广，但价格昂贵，热电势小，线性度差
	0～1600℃	0～1600℃	—	
B 型	—	600～1700℃	600～1700℃	稳定性好，测量上限高，价格昂贵，热电势小，线性度差

续表

类型	允差值(±℃)和有效温度范围			特点
	1级	2级	3级	
C 型	—	0.01|T|	—	可用于真空、惰性或干燥氢气气氛，可靠工作的上限温度为2200℃
A 型	—	426~2315℃	—	可用于真空、惰性或干燥氢气气氛，可靠工作的上限温度为2200℃
		0.01|T|		

注：T 表示温度测量值。

图 2-3　SBWR-K 型热电偶

FSW 过程属于氧化环境，焊核区的最高温度可以达到 500℃以上，并且在搅拌头附近温度上升速度较快，K 型热电偶测试性能稳定兼顾温度测量的精度和速度，是比较合适的热电偶类型。因此，本章选用上海自动化仪表有限公司的 SBWR-K 型热电偶，Ⅱ级标准，分辨率为 0.1℃，如图 2-3 所示。

热电偶输出毫伏级的微弱电压信号，易受高频噪声信号的干扰，需要对微小势信号进行稳压放大。同时由热电偶的测温分析可知，测量的热电势信号由测量温度和参考温度两部分组成。在工程应用环境中，参考温度很难保持在 0℃，测量的热电势信号受到环境温度的影响会产生误差，影响精度，因此还需要对热电势信号进行冷端补偿。为了增强温度数据的可读性，还要对处理后的温度信号进行线性化处理，明确温度与电压的关系。选用上海自动化仪表有限公司的 SBWR-228 型温度变送器(图 2-4)对热电偶输出的微弱热电势信号进行处理。

SBWR-228 型温度变送器采用差分放大电路对热电势信号进行稳压放大处理，将毫伏级电信号放大为 0~5V 标准电压信号，同时采用冷端温度补偿器进行温度补偿，可以有效抑制温度漂移现象。然后采用分段线性法进行校正，去除非线性误差，明确温度与电压的线性关系：

图 2-4　SBWR-228 型温度变送器

$$T = 200U \tag{2-2}$$

式中，T 为测量温度；U 为测量电压。

基于上述热电偶和温度变送器可以得到精度较高的热电势模拟量信号，焊接过程中为了获得焊接接头温度场信息，需要采集多特征点的热循环曲线。因此，采用 PCI-1747U 数据采集卡(图 2-5)采集多路热电偶输出的信号。

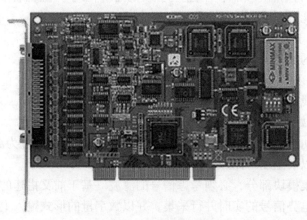

图 2-5　PCI-1747U 数据采集卡

PCI-1747U 数据采集卡支持 64 路单端或 32 路差分模拟量输入，拥有 16 位高分辨率，采样频率可以达到 250kHz，可以满足焊接过程中多特征点温度实时高精度的采集需求。

在 FSW 温度采集过程中需要设置合适的采样频率。采样频率过低会导致信号失真，信号中的关键信息和特征容易遗失，影响测量精度；采样频率过高会增加数据量，造成数据冗余，增大后续数据处理的负担，影响采集数据的实时性。FSW 过程中的温度信号属于缓变信号，采样频率设为 10Hz，既能保持热电势信号对温度变化的敏感性，又减小了后续数据处理的工作量，保证了实时性。

PCI-1747U 数据采集卡的信号输入方式有两种：单端输入和差分输入。单端输入的一端为地端，另一端为参考端，而差分输入的两端都用来传输信号，两端接线上的信号振幅相同、相位相反。为了充分测量焊接过程中焊件不同区域的温度分布，必要时需要测量几十个特征点的热循环曲线，单端输入可以只将信号端进行连线来提高通道利用率和测量特征点数量。考虑到单端信号的通道数优势，PCI-1747U 数据采集卡使用了单端输入方式。

2.1.2　基于 LabVIEW 的软件系统开发

为了快速直观地对采集到的温度信号进行表达与分析，需要开发与硬件系统相适应的采集与分析系统软件。LabVIEW 是美国国家仪器有限公司开发的一种图形化编程环境，提供了大量适用于工程测量、控制以及分析方面的工具，这使得 LabVIEW 在现代测控领域的应用日益广泛。LabVIEW 操作简单，开发的系统结构清晰明了，功能完善，因此使用 LabVIEW 软件开发温度场检测和分析系统的软件部分。

针对 FSW 过程温度场实时测量与分析的需求，FSW 温度场检测和分析系统应具有如下功能：

(1)能够基于合理的滤波策略对热电偶采集的热电势信号进行滤波处理，实现焊接过程温度的实时采集、展示和保存等功能。

(2)具有对采集的温度数据进行可视化显示和灵活调用功能，能够基于数学分析对热循环曲线进行分析和处理。

(3)具有友好的人机界面，有简洁舒适的交互体验。

针对上述功能需求，所研发的温度场检测和分析系统主要分为温度采集模块、温度读取模块以及温度对比和分析模块。

在温度采集模块部分，必须考虑信号的滤波。基于前文搭建的硬件系统，可以实现多路热电势信号的实时并行采集，并以数字量的形式输入上位机中，但在信号变化和传输过程中存在环境噪声和干扰，导致信号中的有用温度信息难以辨别和提取，要得到信号中的有效温度信息，必须去除温度信号中叠加的环境噪声。经典的信号去噪方法主要是在频域对有用信息和噪声干扰进行分割。但在真实信号采集过程中，噪声频谱几乎分布在整个频域内，难以与信号频谱分开。如果希望噪声平滑效果好，信号的模糊和信息丢失的风险增大，要使信号表达清晰，则噪声的平滑效果必然下降。因此，采用经典去噪方法需要在信号的完整性和清晰性之间进行取舍。

小波分析方法在低频部分具有较高的频率分辨率和较低的时间分辨率，在高频部分则相反，适合检测真实温度信号中突变信号的成分。在 FSW 过程中，搅拌头经过待测特征点时，特征点的温度在几秒之内就可以达到几百摄氏度，采集的信号可能包含许多峰值点或突变部分，并且焊接现场的环境噪声杂乱无序，造成了原始信号复杂难辨。对这种信号的去噪处理，用基于傅里叶变换分析的传统去噪方法比较困难，而小波分析可以将信号中不同频率的成分分解到相互独立的频带上，为信号滤波和温度特征提取奠定基础。

含有噪声的原始信号可以用式(2-3)表示：

$$s(i) = f(i) + e(i), \quad i = 0,1,2,\cdots,n-1 \qquad (2-3)$$

式中，$f(i)$ 为有用信号；$e(i)$ 为环境噪声；$s(i)$ 为原始信号。

在焊接温度检测过程中，有用信号通常表现为低频信号或一些比较平稳的信号，而噪声信号通常表现为高频信号。小波分析的去噪方法有以下三个步骤。

（1）对信号进行小波分解。

选择一个小波并确定分解的层次，进行信号的分解计算。若 $C_{0,k}$ 为信号 $s(i)$ 的离散采样数据且令 $C_{0,k} = f_k$，则信号 $f(t)$ 的小波分解公式为

$$\begin{cases} c_{j,k} = \sum_n h_{n-2k} c_{j-1,n} \\ d_{j,k} = \sum_n g_{n-2k} d_{j-1,n} \end{cases}, \quad k = 0, 1, 2, \cdots, N-1 \tag{2-4}$$

式中，$c_{j,k}$ 为尺度系数；$d_{j,k}$ 为小波系数；h 和 g 为一对正交镜像滤波器组；j 为分解层次；N 为离散采样点数。

（2）对第一层到最后一层的高频系数选择一个阈值进行量化处理。

噪声部分往往存在于小波系数中，可以通过设置阈值等方式对小波系数进行处理，即减小部分小波系数，或者设为零值。

（3）对信号进行重构。

根据最后一层的低频系数和每一层的高频系数对小波系数进行处理后，再进行原始温度信号的小波重构，完成信号的去噪处理。

小波重构过程是分解过程的逆运算，重构公式为

$$c_{j-1,n} = \sum_n h_{n-2k} c_{j,n} + \sum_n g_{n-2k} d_{j,n} \tag{2-5}$$

四种常用的阈值估计准则为自适应阈值、固定形式阈值、启发式阈值和极小极大阈值。其中，固定形式阈值准则和启发式阈值准则将全部系数进行处理，可以较为强力地去除噪声，但容易过度去噪，丢失温度信号的部分特征；自适应阈值准则以及极小极大阈值准则是将部分系数进行处理，可以防止过度去噪，有利于保留有用信号[2,3]。使用自适应阈值准则进行阈值估计，表达式如下：

$$K = \sigma \sqrt{Q_a} \tag{2-6}$$

式中，K 为评估阈值；σ 为噪声信号的标准差；Q_a 为依据无偏似然估计原理而得到的小波分解系数的平方。

两种阈值施加方法为硬阈值处理、软阈值处理。软阈值处理方法是

$$Y = \begin{cases} \text{sign}(X)(|X| - K), & |X| > K \\ 0, & |X| \leqslant K \end{cases} \tag{2-7}$$

硬阈值处理方法是

$$Y = \begin{cases} X, & |X| > K \\ 0, & |X| \leqslant K \end{cases} \qquad (2\text{-}8)$$

硬阈值处理能够较完善地保留真实信号中的突变特征，但处理的信号不平滑，噪声与真实信号的分辨能力略差，而软阈值处理在保留有用信息的同时可以使曲线光滑，因此在该系统中使用软阈值处理方法。

正交或双正交小波包分解可将信号按频率分解到无重叠的子带上，易于小波算法的实现。常用的正交、双正交小波有 Discrete 小波系、Daubenchies 小波系和 Symlets 小波系等。其中 Symlets 小波系具有紧支撑性，局部化能力强，有利于算法的完整实现；具有线性相位性，避免了信号失真；正则性好，重构的信号光滑，有利于提高分辨率。

在 LabVIEW 中使用 MATLAB 脚本节点写入小波滤波程序，采用自适应阈值准则、软阈值处理方法和 Symlets 小波系的参数组合，为了确定小波分解和重构的层数，设置小波分解层分别为 3～7 层，进行热电偶测温实验，使用热电偶测量约 70℃热水的温度，进行滤波效果比较。原始温度信号如图 2-6 所示。

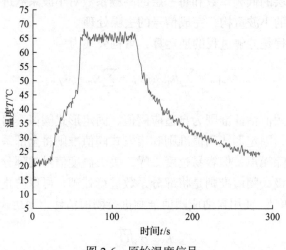

图 2-6　原始温度信号

基于不同的分解层数对原始信号进行去噪处理，去噪效果常用的评价指标有四种。

(1)均方根误差(root mean squared error, RMSE)：原始信号与去噪信号之间方差的平方根。

(2)信噪比(signal-to-noise ratio, SNR)：信号功率与噪声功率之间的比值。

(3)相关系数 R：原始信号与去噪信号之间的相关程度。

(4)平滑度 r：去除原始信号中突变高频分量的程度。

均方根误差和平滑度越小，信噪比和相关系数越大，说明去噪效果越好。四种评价指标的表达式如式(2-9)～式(2-12)所示：

$$\text{RMSE} = \sqrt{\frac{1}{n}\sum_n (y(n) - y_1(n))^2} \tag{2-9}$$

$$\text{SNR} = 10 \times \lg\left(\sum_n y^2(n) \middle/ \sum_n (y(n) - y_1(n))^2\right) \tag{2-10}$$

$$R = \frac{\sum (y(n) - \overline{y}(n))(y_1(n) - \overline{y}_1(n))}{\sqrt{\sum (y(n) - \overline{y}(n))^2 \sum (y_1(n) - \overline{y}_1(n))^2}} \tag{2-11}$$

$$r = \frac{\sum [y_1(n+1) - y_1(n)]^2}{\sum [y(n+1) - y(n)]^2} \tag{2-12}$$

式中，n 为信号长度；$y(n)$ 为原始信号；$y_1(n)$ 为去噪信号。

实验获得的不同分解层数下各指标值如表 2-2 所示。

表 2-2　不同分解层数下各指标值

分解层数	RMSE	SNR	R	r
3	0.1893	42.5158	0.9999	1.0000
4	0.4925	35.4507	0.9995	0.9999
5	0.6137	33.2586	0.9993	0.9998
6	0.6632	32.4267	0.9992	0.9998
7	0.6635	32.4267	0.9920	0.9998

上述去噪效果评价指标都存在各自的缺点。在实际采集环境中，不掺杂任何噪声的真值无法获取，如果原始信号几乎没有去掉任何噪声，则均方根误差接近于 0，相关系数的值接近于 1，信噪比的值也会很大。从评价指标的角度看，去噪效果很好，但实际上噪声信号仍然广泛分布在原始信号的各个频域中，去噪效果与评价指标产生冲突，而平滑度虽然不会发生不一致现象，但没有极值，也无法准确判定最佳去噪效果。为了准确地评价滤波去噪效果，使用基于变异系数定权的方法建立的复合评价指标体系进行去噪效果评价[4]，具体步骤如下。

将均方根误差和平滑度归一化：

$$P_{\text{RMSE}} = \frac{\text{RMSE} - \min(\text{RMSE})}{\max(\text{RMSE}) - \min(\text{RMSE})} \tag{2-13}$$

$$P_r = \frac{r - \min(r)}{\max(r) - \min(r)} \tag{2-14}$$

这两个指标在进行融合的过程中，由于权重不同，采用变异系数定权法对其进行赋权操作。赋权过程如下：

$$CV_{PRMSE} = \frac{\sigma_{PRMSE}}{\mu_{PRMSE}} \tag{2-15}$$

$$CV_{Pr} = \frac{\sigma_{Pr}}{\mu_{Pr}} \tag{2-16}$$

$$W_{PRMSE} = \frac{CV_{PRMSE}}{CV_{PRMSE} + CV_{Pr}} \tag{2-17}$$

$$W_{Pr} = \frac{CV_{Pr}}{CV_{PRMSE} + CV_{Pr}} \tag{2-18}$$

式中，CV 为变异系数；W 为基于变异系数定权的权值；μ 和 σ 分别为均值和标准差。

最后，组合变异系数的权值，建立复合评价指标 E_c，表达式如式 (2-19) 所示：

$$E_c = W_{PRMSE} \times P_{RMSE} + W_{Pr} \times P_r \tag{2-19}$$

在进行效果判定的时候，E_c 数值越小越好。复合评价指标的计算结果如表 2-3 所示。

表 2-3　复合评价指标 E_c

分解层数	P_{RMSE}	P_r	W_{PRMSE}	W_{Pr}	E_c
3	0.0000	1.0000	0.4216	0.4472	0.4472
4	0.6394	0.5000	0.4216	0.4472	0.4932
5	0.8950	0.0000	0.4216	0.4472	0.3773
6	0.9994	0.0000	0.4216	0.4472	0.4213
7	1.0000	0.0000	0.4216	0.4472	0.4216

根据分析结果，设置分解层数为 5，进行热电偶测温实验，测量的原始信号和滤波信号如图 2-7 所示。

可以看到，原始信号存在较大噪声干扰，信号起伏较大，造成测量误差。基于小波滤波后的信号平滑稳定，且与原始信号的趋势和幅值范围相同，并没有丢失有用信号。不同阶段的滤波效果如图 2-8 所示。

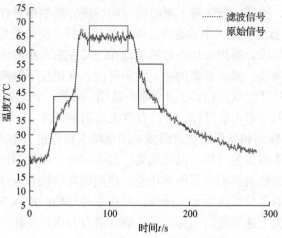

图 2-7　滤波效果

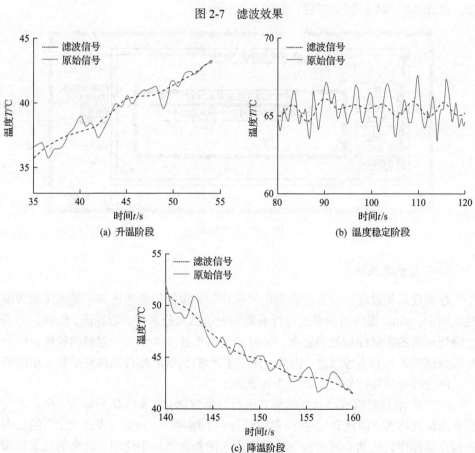

(a) 升温阶段　　　　　　　　　　(b) 温度稳定阶段

(c) 降温阶段

图 2-8　不同阶段的滤波效果

在升温阶段，滤波信号保持了原始信号的特征，原始信号在噪声的干扰下，存在10℃以内的温度波动，小波滤波将噪声波动滤掉，使曲线光滑，上升特征明显。在温度稳定阶段，噪声干扰引起的波动在5℃左右，小波滤波去除了环境噪声的影响，稳定曲线，提高系统的稳定性和精度。在温度下降阶段，小波滤波仍能精确识别信号特征和变化趋势，减小噪声波动。因此，小波滤波适用于FSW特征点热循环曲线的完整采集过程，可以有效提高测量精度。

FSW温度场检测和分析系统前面板采用选项卡控件进行不同页面的跳转，分别设置选项卡的选项页为开始、温度采集、温度读取、温度对比及分析界面，为了实现单击不同按钮跳转相应页面的功能，使用循环结构和事件结构嵌套进行架构，将事件结构的事件设置为菜单选择，并在事件结构内放入条件结构，将条件结构的选项设置为上述界面的名称，条件输入节点与事件结构的项标识符选项连接，完成系统基本框架的搭建，如图2-9所示。

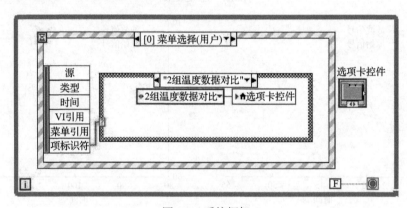

图2-9　系统框架

1. 温度采集模块

在温度采集过程中，数据以固定的采样频率源源不断地进入采集模块的数据流队列中，while循环结构重复运行采集和表达的部分来接收数据流，但表达部分会降低采集的实时性和处理速度，同时如果采集速度大于表达存储的速度，就会导致数据的丢失和不连续性。因此，使用生产者/消费者事件结构对采集模块的不同功能进行分步并行处理，如图2-10所示。

生产者/消费者模式以队列的形式进行数据存储，元素入队列称为"生产者"，元素出队列称为"消费者"，在内存中设置一个缓冲区，根据"先进先出"的规则进行存储操作，队列头部的数据按顺序进入消费者循环中使用，新来的元素按顺序加入队列尾部，这样就保证了数据在传递过程中不会丢失。FSW温度场检测和分析系统的温度采集部分以生产者/消费者循环为架构，将数据的采集与表达存储

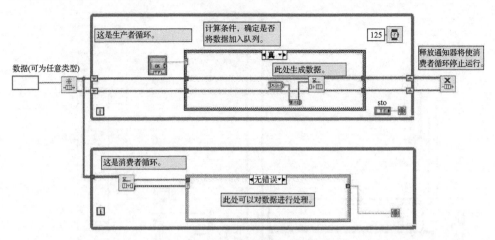

图 2-10 生产者/消费者事件结构

过程分为两部分。采集部分使用生产者循环，将温度数据采用队列的方式存储在缓冲区，如果有新的数据进入，队列的原有数据流入消费者循环，新数据进入缓冲区，不断重复，完成温度数据的实时采集；表达存储部分放入消费者循环，对采集部分释放的数据进行不同形式的表达和分析。基于生产者/消费者模式，数据的采集和表达部分的处理流程由顺序结构变成了并列结构，采集和表达可以同步进行，缩短了温度采集模块的处理时间，提高了温度测量的实时性，避免了数据丢失，提高了不同循环在运行速率存在差异时的数据共享能力。

生产者循环以接收和传递数据流为主,消费者循环中对数据进行存储和表达。温度采集模块如图 2-11 所示，使用 DAQNavi 模块采集焊接过程中的温度数据，

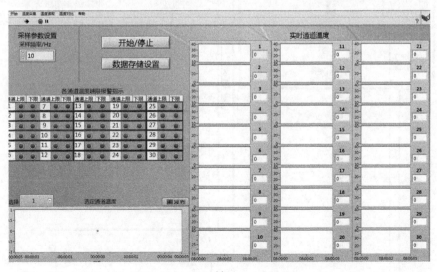

(a)

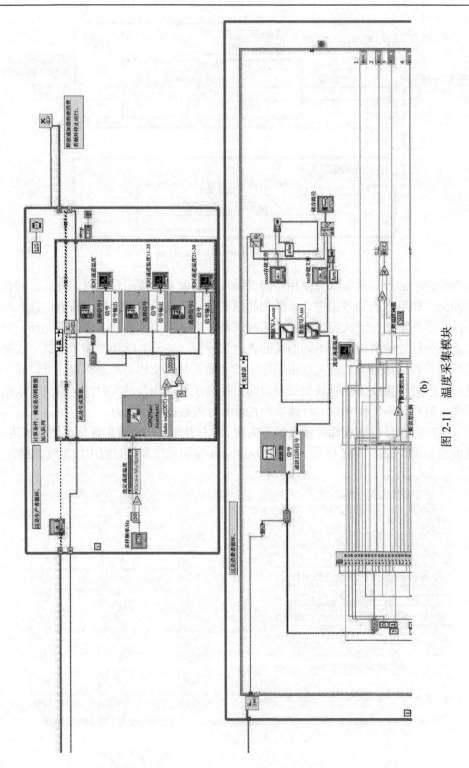

图 2-11 温度采集模块 (b)

然后将这些温度数据进行小波滤波，去除高频干扰信号，输入到波形图中，在波形图上实时显示不同特征点的热循环曲线变化情况。使用文件路径模块和存储模块建立起文件存储路径，将数据分别存入 txt 文本和 excel 表格中，同时将温度数据与设定温度阈值进行比较判断，通过布尔灯模块反馈温度过高或过低的情况，实现焊接过程温度越限报警功能。

2. 温度读取模块

温度读取模块如图 2-12 所示。通过文件路径模块和读取文件模块读取存储的温度数据，通过波形图进行表述。根据焊接过程的相对时间节点可以对波形图中的热循环曲线进行截取处理，研究某一时间段内的温度分布变化规律，并可取出波形图中某一特征点的热循环曲线，对其进行均值、方差以及极值的数学分析，有助于分析不同工艺参数对焊接温度的影响规律。

为了方便操作人员查看波形图的数据，设计了鼠标移动显示数据点的功能，如图 2-13 所示。采用 while 循环和事件结构组成框架，将事件结构的事件设置为波形图的鼠标移动事件，放入波形图的属性模块：调用坐标至 X、Y 坐标映射属性节点，并将坐标选项与事件结构的坐标数据节点连接，获得鼠标在波形图中的坐标，接着将 X 坐标提取出来，输入到波形图所呈现的数组中获取对应的 Y 坐标，然后通过编写输出语句将坐标转换为字符串并输出，将坐标与字符串的位置属性连接，使得字符串出现在鼠标位置；将鼠标移动事件放入波形图曲线获取模块中，当鼠标在热循环曲线附近时，对输入点与曲线点进行比较，如果鼠标输入点不在曲线轨迹上，则不显示，只有二者统一，才会显示。这样提高了操作人员对温度数据的理解和判断能力。

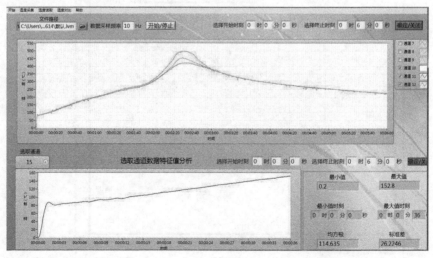

(a)

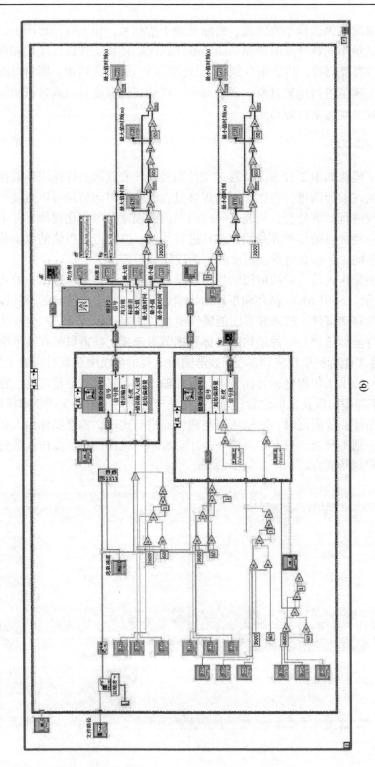

图 2-12 温度读取模块
(b)

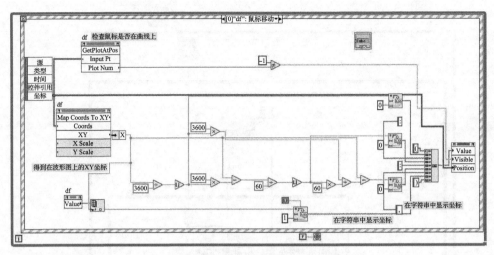

图 2-13　数据点显示功能

3. 温度对比和分析模块

温度对比和分析模块如图 2-14 所示，可实现不同存储文件中的温度数据读取，并将它们在同一波形图中进行比较分析，获取不同热循环曲线的相关系数，将不同工艺参数、不同空间位置下焊接过程的温度变化进行对比，探究不同工艺参数对焊接温度的影响规律以及温度分布的异同。

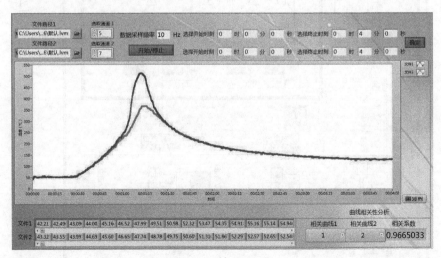

(a)

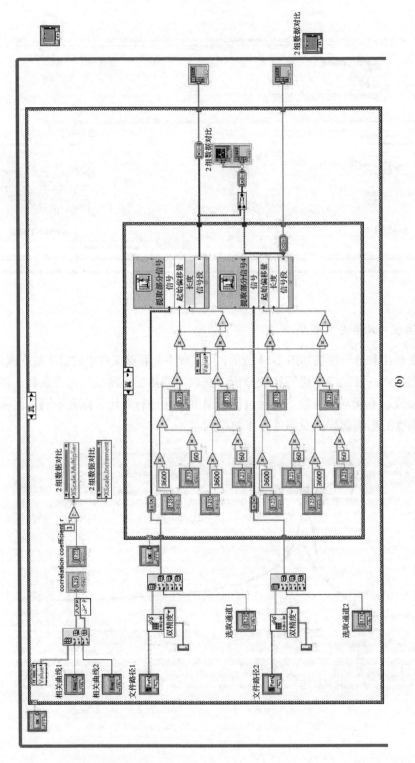

图 2-14　温度对比和分析模块

(b)

2.1.3　系统测量精度

前文采用软、硬件结合的方式完成了 FSW 温度场检测和分析系统的开发，为了评定系统的检测精度，进行了测温实验。使用全固态电磁感应加热设备加热 2219 铝合金板材，在铝板表面选取不同测温特征点，使用所研发的 FSW 温度场检测和分析系统与 YET-710 高精度温度仪分别对同一特征点进行温度检测，如图 2-15 所示。YET-710 高精度温度仪的测温精度为 $0.1\%T$，高于系统所用 K 型热电偶的 $0.75\%T$，可以确定系统的测温精度。

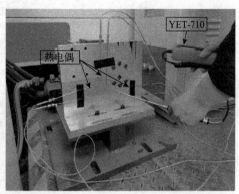

图 2-15　系统精度测量实验

通过 28 组测温结果对研发的 FSW 温度场检测和分析系统的测量精度进行评定，所研发系统的测试结果与 YET-710 测试结果对比如表 2-4 所示。

表 2-4　测温结果对比

序号	系统测试温度 T_1 /℃	YET-710 测试温度 T_2 /℃	绝对误差 ΔT /℃	相对误差/%
1	41.2	42.0	−0.8	−1.9
2	44.9	44.6	0.3	0.7
3	50.0	50.7	−0.7	−1.4
4	55.3	56.2	−0.9	−1.6
5	59.6	58.6	1.0	1.7
6	60.5	60.9	−0.4	−0.7
7	64.9	63.7	1.2	1.9
8	71.1	70.0	1.1	1.6
9	76.3	77.6	−1.3	−1.7
10	81.4	80.4	1.0	1.2
11	84.7	86.0	−1.3	−1.5

序号	系统测试温度 T_1 /℃	YET-710 测试温度 T_2 /℃	绝对误差 ΔT /℃	相对误差/%
12	90.2	91.7	−1.5	−1.6
13	95.6	94.8	0.8	0.8
14	100.1	101.7	−1.6	−1.6
15	107.9	106.0	1.9	1.8
16	114.2	113.0	1.2	1.1
17	120.0	122.1	−2.1	−1.7
18	126.4	128.3	−1.9	−1.5
19	133.9	136.4	−2.5	−1.8
20	140.3	141.9	−1.6	−1.1
21	148.0	146.1	1.9	1.3
22	154.9	156.4	−1.5	−1.0
23	160.1	162.8	−2.7	−1.7
24	167.5	170.5	−3.0	−1.8
25	175.7	177.9	−2.2	−1.2
26	184.8	181.6	3.2	1.8
27	190.6	188.1	2.5	1.3
28	197.0	200.3	−3.3	−1.6

从表 2-4 中看到，随着待测温度的升高，系统绝对误差的绝对值呈现增大趋势，但相对误差保持在±2%以内，可以满足 FSW 温度场检测的需求。

2.2　2219 铝合金厚板 FSW 温度场分析

FSW 过程中，轴肩与焊件表面剧烈摩擦，产生大量热输入，热量在焊件中传导，伴随着搅拌针与焊件接触面摩擦产热以及焊缝材料的塑性变形产热，最终形成 FSW 接头的温度场。为了探究 FSW 过程中接头的温度分布，进行了 18mm 厚 2219 铝合金 FSW 过程测温实验，探究在空间不同方向上的温度分布规律以及工艺参数对温度的影响规律。

2.2.1　2219 铝合金厚板 FSW 温度场测量实验

依托不同的 FSW 设备进行了两次实验。第一次实验依托武汉重型机床集团有限公司的龙门式 FSW 设备进行，实验现场如图 2-16 所示。采用自主研发的 FSW 温度场检测和分析系统对 FSW 温度场进行测量。焊件尺寸为 300mm×75mm×18mm，搅拌头轴肩直径为 32mm，搅拌针长度为 17.8mm，设置搅拌头转速分别为 350r/min、400r/min 和 450r/min，焊接速度为 100mm/min，下压量为 0.2mm。进行单因素 FSW 实验，K 型热电偶沿着焊缝方向由内向外排布在距上表面 6mm 的焊件内部，热电偶排布示意如图 2-17 所示。

图 2-16　第一次 FSW 温度场测量实验现场

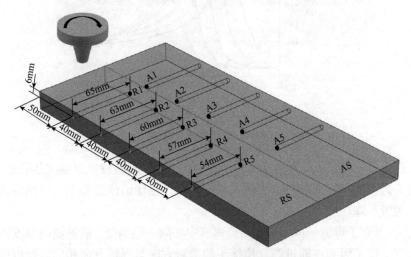

图 2-17　第一次 FSW 温度场测量实验热电偶排布示意图

不同搅拌头转速下测温特征点热循环曲线如图 2-18 所示。

从图 2-18 中可以看出如下规律：

(1)各测温特征点热循环曲线均显示温度先上升后下降，中间出现了特征点的峰值温度。在 FSW 初始搅拌头下压及停留预热阶段，输入的摩擦热大部分传导到焊件、夹具以及垫板处，热量散失严重，输入的热量对特征点的温度提升能力有限，温度变化很小，温度曲线的起始温度基本相同，然后缓慢升高；在搅拌头靠近测温特征点时，温度已经上升到较高值。热输入不断增大，热输出相对稳定，

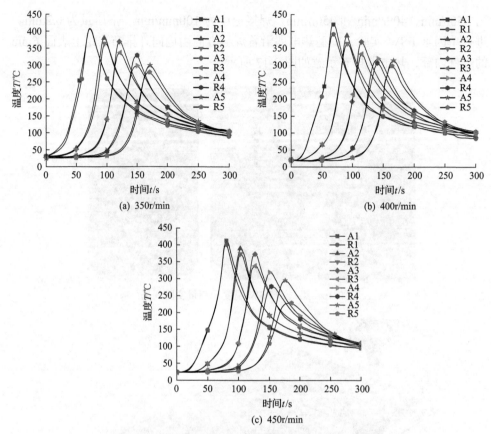

(a) 350r/min

(b) 400r/min

(c) 450r/min

图 2-18　不同搅拌头转速下测温特征点热循环曲线

温度快速上升；当搅拌头到达特征点所在截面时，该测温特征点温度达到最高值。在搅拌头远离测温特征点时，热输入不断减少，热输出依然稳定，各测温特征点的温度缓慢下降。

（2）在垂直于焊缝的同一截面，到焊缝中心同一距离处，前进侧的温度高于后退侧温度。这是因为在前进侧，搅拌头的旋转方向与焊接方向相同，所以前进侧的焊件材料具有更大的应变速率，搅拌头和前进侧材料的摩擦运动和搅拌运动更加剧烈，产生更多热量，后退侧规律相反。

（3）随着到焊缝中心的距离不断增加，焊接温度不断下降，这是因为距焊缝中心越远，热传导和搅拌作用逐渐减少，且散热条件不断改善，热输出增多，温度降低。峰值温度出现在前进侧轴肩和搅拌针交界附近，该处特征点受到轴肩、搅拌针与焊件摩擦产热以及焊缝材料塑性变形产热的影响，热输入获得最大，温度最高。

（4）随着搅拌头转速的增加，峰值温度先升高后降低，在搅拌头转速为 400r/min 时，焊件峰值温度最高。峰值温度会在转速增加到一定程度后降低，分析认为搅拌头转速过高，导致热输入过大，焊缝区域表面的摩擦系数变小，导致温度回落，具体原因会在后续结合第二次 FSW 测温实验中的表面缺陷和温度分布表现展开讨论。

第二次 FSW 测温实验在上海拓璞数控科技股份有限公司的 FSW-5M 型机床上进行，实验现场如图 2-19 所示。

图 2-19　第二次 FSW 测温实验现场

焊件尺寸为 400mm×120mm×18mm，沿用第一次 FSW 测温实验所用搅拌头。在搅拌头转速为 300~450r/min、焊接速度为 75~125mm/min 的范围内进行全因素 FSW 测温实验，探究不同工艺参数组合对焊接温度场的影响规律，实验安排如表 2-5 所示。

表 2-5　全因素 FSW 测温焊接实验

序号	搅拌头转速 n /(r/min)	焊接速度 v /(mm/min)	下压量 d_p /mm
1	300	75	0.4
2	300	100	0.4
3	300	125	0.4
4	350	75	0.4
5	350	100	0.4
6	350	125	0.4
7	400	75	0.4
8	400	100	0.4

序号	搅拌头转速 n /(r/min)	焊接速度 v /(mm/min)	下压量 d_p /mm
9	400	125	0.4
10	450	75	0.4
11	450	100	0.4
12	450	125	0.4

在垂直于焊缝方向，K 型热电偶在距上表面 4.5mm 的焊件内部由内向外排布；在厚度方向，K 型热电偶在距焊缝中心 7.5mm 的焊件内部由上到下排布，热电偶排布如图 2-20 所示。

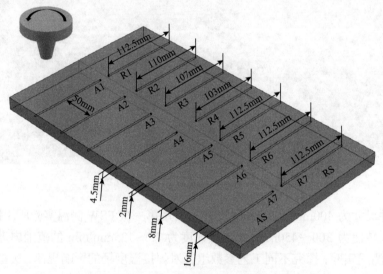

图 2-20　第二次 FSW 测温实验热电偶排布示意图

图 2-21（a）～图 2-21（l）分别为第 1 组至第 12 组焊接工艺参数下的焊缝形貌。

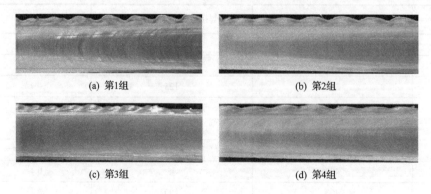

(a) 第1组　　　　　　　　　　　　(b) 第2组

(c) 第3组　　　　　　　　　　　　(d) 第4组

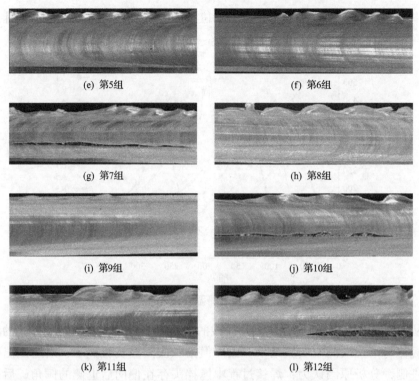

(e) 第5组　　　　　　　　　　　　(f) 第6组

(g) 第7组　　　　　　　　　　　　(h) 第8组

(i) 第9组　　　　　　　　　　　　(j) 第10组

(k) 第11组　　　　　　　　　　　　(l) 第12组

图2-21　12组不同焊接工艺参数下的焊缝形貌

当搅拌头转速为300r/min和350r/min时，不同焊接速度下的焊缝是平整光滑的，表面没有明显缺陷；当搅拌头转速为400r/min时，在低焊接速度下，部分焊缝出现了细长的裂纹缺陷（如第7组）；当搅拌头转速为450r/min时，不同焊接速度下的焊缝均出现了明显的隧道缺陷，同时飞边增大（如第10、11和12组）。推测在低搅拌头转速时，焊接的热输入充足，可以使材料软化并进行塑性流动，焊缝光滑平整；随着搅拌头转速的升高和焊接速度的下降，热输入过大，导致材料过度软化，塑性流动增强，很大一部分材料沿着搅拌针旋转方向被吸附到搅拌针与轴肩附近，并在搅拌头的带动下在后退侧形成大量飞边，同时，后退侧的焊缝金属材料难以补充前进侧的空腔，导致焊缝表面出现隧道缺陷，这与文献[5]和[6]中关于2系和6系铝合金薄板FSW研究结论一致。

实验发现，高搅拌头转速配合低焊接速度会形成隧道缺陷，分析原因认为：在这种参数组合下，搅拌头和焊件材料摩擦产生的热量很高，过高的热输入导致焊缝材料过度软化，材料流动性过强，最终以飞边的形式溢出轴肩，形成缺陷。因此，要实现无缺陷的2219铝合金高质量FSW，必须选择合适的焊接工艺参数。

　　以第 1 组实验结果为例，焊件不同位置测温特征点的热循环曲线如图 2-22 所示。

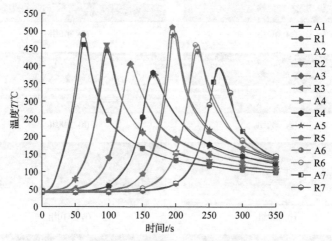

图 2-22　焊件不同位置测温特征点的热循环曲线

　　从图 2-22 中可以看到，热循环曲线的变化趋势以及垂直于焊缝方向的温度分布规律与第一次测温实验结果一致。但第二次测温实验显示，后退侧温度高于前进侧，分析原因认为：焊接过程中搅拌头存在偏向后退侧的倾角，后退侧与轴肩摩擦和挤压作用剧烈，由于搅拌头旋转在搅拌头的后退侧产生空腔作用，加之搅拌头前进侧区域由焊接进给运动形成的楔形挤压作用，前进侧搅拌区域附近的材料沿轴肩和搅拌针与焊件接触面移动到搅拌头后退侧，或者被逆时针挤压至搅拌头的后方。FSW 过程中，材料塑性流动也会产生热量，工件材料在搅拌头的搅拌作用下向后退侧流动，输入一部分能量，因而造成后退侧的温度稍高于前进侧的温度。后退侧与轴肩摩擦和挤压作用剧烈，造成了飞边集中在后退侧，当搅拌头转速较高时，飞边现象严重，前进侧的空腔没有材料补充，造成缺陷集中在前进侧。同时，由于下压量的增大，第二次 FSW 测温实验的整体温度场高于第一次 FSW 测温实验，轴肩以内大部分区域温度保持在 400℃以上；此外，在厚度方向的特征点热循环曲线显示，厚向温差较大，在 100℃以上，自上而下的温度下降梯度明显，这与薄板焊接厚向温差小现象存在较大差异[7]，分析原因为厚度增大，轴肩和接头表面的摩擦产热在向下热传导的过程中不断减弱，热输入不断减少，而底面的垫板加强了散热，因此厚向温差下降明显。

　　至焊缝中心不同距离处各测温特征点的峰值温度如图 2-23 所示。从图 2-23 中可以看出，后退侧的峰值温度大于前进侧峰值温度，分析原因为搅拌头存在偏向后退侧的倾角，焊件后退侧受到搅拌头剧烈的挤压摩擦作用，产热增多。

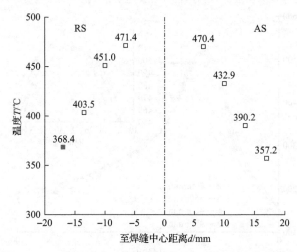

图 2-23　至焊缝中心不同距离处各测温特征点的峰值温度

2.2.2　工艺参数对焊接温度的影响

搅拌头转速和焊接速度决定着 FSW 过程中热输入量和材料变形速率,影响焊缝微观组织,进而影响焊接质量。本节基于 2.2.1 节进行的 FSW 测温实验探究搅拌头转速和焊接速度对焊接温度的影响规律。

1. 搅拌头转速对焊接温度的影响

当焊接速度为 75mm/min 时,不同搅拌头转速下的热循环曲线如图 2-24 所示。

可以看到,在搅拌头转速从 300r/min 提高到 400r/min 的过程中,测温特征点峰值温度不断升高,这是因为搅拌头转速提高,轴肩与焊件表面的摩擦产热加剧,焊件塑性变形和单位热流密度增大,温度呈现上升趋势。

但将搅拌头转速从 400r/min 进一步提高到 450r/min 时,测温特征点峰值温度却出现下降,这与第一次 FSW 测温实验结果相同。许多学者也在 FSW 实验中发现当工艺参数超过某一范围后,随着工艺参数的改变,温度出现波动和回落[8-10]。分析认为,随着焊接温度逐渐增大,焊件接头区域的材料逐渐软化,表面出现一层硬度较低的热塑性金属层,这不仅增加了轴肩与焊件表面的真实接触面积,而且使表面间的分子吸附作用增强,造成摩擦系数增大,摩擦产热增加;当搅拌头转速进一步增大时,轴肩与焊件表面之间的热塑性金属层逐渐变厚,形成了一个平滑的隔离层,导致摩擦系数降低,温度产生波动,呈现下降状态。如果搅拌头转速继续增大,塑性金属被轴肩进一步强烈摩擦、挤压,热塑性金属层的润滑作用失效,接触面的摩擦系数增大,温度又继续升高[9]。

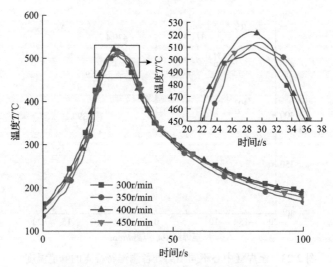

图 2-24　不同搅拌头转速下的热循环曲线

不同搅拌头转速下焊件上、下表面温差如图 2-25 所示。

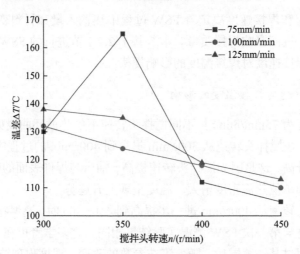

图 2-25　不同搅拌头转速下焊件上、下表面温差

由图 2-25 可以看出，随着搅拌头转速升高，焊件的温差呈现减小趋势，分析认为轴肩下方温度较搅拌针处为高温区，由于热传导的作用，在焊接过程中轴肩高温区会不断向焊件底面传递热量，搅拌头转速增大，摩擦产热增大，热传导增强，同时底部的材料变形增大，产热增加，温差也呈现减小的趋势。但在搅拌头转速为 350r/min、焊接速度为 75mm/min 时，温差异常增大，分析认为该组工艺参数不合适，导致输入热量集中在上部，热传导较小，下部材料获得热量较少，这种不均匀的温度分布会严重影响焊接质量。

2. 焊接速度对焊接温度的影响

当搅拌头转速为 300r/min 时，不同焊接速度下各测温特征点的热循环曲线如图 2-26 所示。

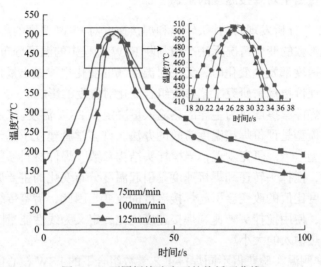

图 2-26　不同焊接速度下的热循环曲线

可以看到，在搅拌头转速不变的情况下，焊接速度越大，焊件的最高温度越低。分析认为，焊接速度增加使搅拌头与焊件摩擦产热的时间变短，单位热流密度变小，进而导致温度呈现降低的趋势。

不同焊接速度下焊件上、下表面温差如图 2-27 所示。

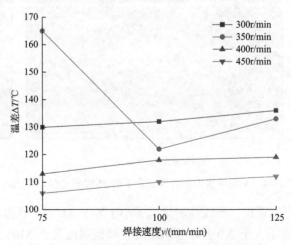

图 2-27　不同焊接速度下焊件上、下表面温差

从图 2-27 可以看出，焊接速度逐渐升高，大部分焊件的温差逐渐增大，分析认为，焊接速度增大，热输入降低，由焊件上表面至下表面的热传导作用减弱，下部材料得到的热输入有限，温度明显下降，增大了焊件厚向温差。

2.2.3　线性能量因子对焊接温度的影响

基于 2.2.2 节分析发现，搅拌头转速和焊接速度对 FSW 温度的影响规律复杂，凭借单一工艺参数的变化情况无法准确判断 FSW 过程中的温度分布，尤其当搅拌头转速和焊接速度都发生变化时，无法对温度场的变化规律做出量化评价，因此需要建立新的评价指标来研究工艺参数组合变化对温度的影响。

搅拌头和焊件摩擦产热为主导的热输入量决定了 FSW 温度。采用基于多工艺参数的热输入模型是评价焊接温度有效的办法。许多学者建立了基于不同工艺参数的热输入模型[11,12]，研究发现，当搅拌头结构参数、焊件材料参数和下压力等参数为常量时，搅拌头转速和焊接速度是引起温度分布变化的主要原因，搅拌头转速和焊接速度比值的改变会引起焊接温度的改变。因此，借鉴传统熔焊技术中线能量的概念，使用搅拌头转速和焊接速度之比，定义为线性能量因子来表征单位距离上焊接热输入的大小。

基于 FSW 测温实验获得不同焊接工艺参数组合下的 FSW 核心区峰值温度如图 2-28 所示，进而得到不同线性能量因子下的 FSW 核心区峰值温度如表 2-6 所示。

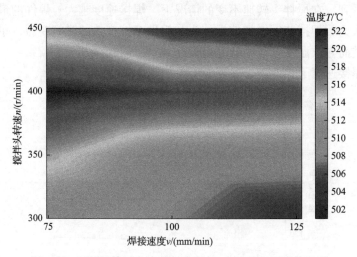

图 2-28　不同焊接工艺参数组合下的 FSW 核心区峰值温度

从表 2-6 中可以看出，当线性能量因子小于等于 3.0 时，峰值温度在 510℃以下；当线性能量因子大于 3.0 且小于 4.0 时，峰值温度处于 510~520℃内；当线性能量因子大于等于 4.0 时，峰值温度出现波动，在 500~530℃变化。需要注意

表 2-6　不同线性能量因子下的 FSW 核心区峰值温度

线性能量因子	实验序号	峰值温度/℃
2.4	3	503.4
2.8	6	509.7
3.0	2	507.6
3.2	9	516.5
3.5	5	510.3
3.6	12	510.9
4.0	1	510.0
4.0	8	520.2
4.5	11	503.6
4.7	4	515.1
5.3	7	522.2
6.0	10	512.3

的是，第 12 组 FSW 测温实验的线性能量因子为 3.6，但搅拌头转速过大，热输入过大，表面出现缺陷，因此需要对搅拌头转速进行约束。

　　不同焊接工艺参数组合下的焊件上、下表面温差如图 2-29 所示，不同线性能量因子下焊件上、下表面温差如表 2-7 所示。

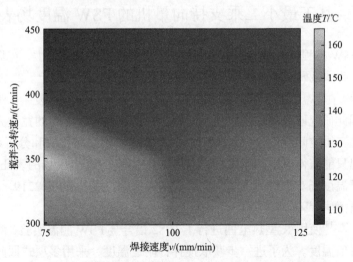

图 2-29　不同焊接工艺参数组合下的焊件上、下表面温差

　　从表 2-7 中可以看出，当线性能量因子小于 3.0 时，温差在 130～140℃；当线性能量因子大于 3.0 且小于 4.0 时，温差在 110～130℃；当线性能量因子大于等于 4.0 时，温差波动较大，在 100～170℃变化。线性能量因子过小，代表热输

表 2-7　不同线性能量因子下焊件上、下表面的温差

线性能量因子	实验序号	温差 ΔT /℃
2.4	3	137.8
2.8	6	134.9
3.0	2	131.0
3.2	9	119.8
3.5	5	124.3
3.6	12	114.9
4.0	1	129.6
4.0	8	119.0
4.5	11	111.0
4.7	4	165.1
5.3	7	113.8
6.0	10	105.7

入不足，材料无法进入热塑性状态，焊件上、下表面温差增大，焊缝材料流动性和力学性能变差；线性能量因子过大，焊缝材料过热，晶粒粗化，焊件上、下表面温差不稳定，焊接质量下降，飞边增大。因此，有必要选择合适的线性能量因子。

2.3　基于最小二乘支持向量机的 FSW 温度场表征

薄板 FSW 过程中，温差在垂直于焊缝、沿焊件宽度方向较大，在焊缝厚度方向较小，因此薄板研究中温度分布主要集中在焊缝的二维平面上。2219 铝合金厚板 FSW 过程中，焊件上、下表面间的温差较大，温度分布规律复杂，难以保证焊接质量，因此研究厚板焊件的温度场时有必要研究垂直于焊缝的宽度方向和焊件厚度方向的三维空间温度分布。采用所研发的 FSW 温度场检测和分析系统，利用热电偶测温只能获得有限的测温特征点热循环曲线，对于温度场的表征不够全面，限制了基于温度场对微观组织演变的影响研究，因此亟待探究 2219 铝合金厚板 FSW 空间温度场表征的方法。

Verma 等[13]使用 K 型热电偶进行了 6082 铝合金 FSW 测温实验，测量了 4 组特征点的峰值温度。为了进一步获取搅拌针附近温度，采用多项式回归模型对不同位置的温度进行表征，表征模型绝对误差和均方根误差均小于 10℃。通过表征模型观察到焊核区的温度在 410～460℃。

上述方法建立的回归模型是以到焊缝中心的距离为自变量、峰值温度为输出量的一维线性模型，适用于薄板焊接温度场研究。当焊件的厚度增大时，热输入

在厚度方向的传导会对温度场产生较大影响，因此大厚度焊件的测温特征点应当同时考虑到焊缝中心沿宽度方向不同距离和到上表面不同距离两种位置信息，当自变量为双向距离时，温度与特征点的关联关系不再是简单的线性回归关系。现有多项式回归模型对数据量比较依赖，数据较少时表征的精度不高，不能较好地描述焊件接头不同区域的温度分布，因此上述方法难以对大厚度焊件的温度分布进行准确表征，需要探求适用于小样本的非线性表征方法。

支持向量机(support vector machine, SVM)算法是基于统计学理论基础的一种回归学习策略，能够较好地解决实验数据的小样本和非线性问题。SVM 算法采用非线性映射将训练数据映射到高维特征空间，在高维特征空间用结构风险化最小的方法进行最优线性回归，并映射回原空间。SVM 算法回归函数如下：

$$f(x) = \omega\phi(x) + b \tag{2-20}$$

式中，$\phi(x)$ 为将输入数据映射到高维特征空间的模型；x 为输入量；ω 为权值向量；b 为阈值。ω 和 b 根据结构最小化原则确定，求解回归函数：

$$f(x) = \frac{1}{2}\|\omega\|^2 + C\sum_{i=1}^{n}(\xi_i + \xi_i^*) \tag{2-21}$$

约束条件为

$$\text{s.t.}\begin{cases} y_i - \langle \omega, x_i \rangle - b \leqslant \varepsilon + \xi_i \\ \langle \omega, x_i \rangle + b - y_i \leqslant \varepsilon + \xi_i^* \\ \xi_i, \xi_i^* \geqslant 0 \end{cases} \tag{2-22}$$

式中，y_i 为目标值；x_i 为输入量；C 为惩罚系数，可以避免欠拟合和过拟合的问题；ε 为不敏感系数；ξ_i 为超过 ε 上界的误差；ξ_i^* 为超过 ε 下界的误差，起到松弛变量的作用，即在回归函数 $f(x)$ 的两边，建立一个宽度为 2ε 的间隔地带，如果样本处于间隔地带以内，那么预测是准确的，不考虑损失。

最小二乘支持向量机(least squares support vector machine, LSSVM)算法是 Suykens 和 Vandewalle[14]针对 SVM 算法提出的一种优化算法。SVM 算法的约束条件为不等式形式，计算过程烦琐，LSSVM 算法优化了这一问题，将 SVM 算法中计算复杂的不等式约束转换为简单的等式约束，从而使得复杂的二次规划问题转换为简单方便的求解线性问题，同时也减轻了不同干扰因素对于模型稳定性的负面影响，更适合于小样本环境。

采用最小二乘线性系统作为损失函数，将高维度的不等式约束改为低维等式约束，基于最小二乘法的损失函数如下：

$$y_i = \omega^T \phi(x) + b + \xi_i + \xi_i^*, \quad i = 1, 2, \cdots, n \tag{2-23}$$

引入拉格朗日函数：

$$L = \frac{1}{2}\|\omega\|^2 + C\sum_{i=1}^{n}(\xi_i + \xi_i^*) - \sum_{i=1}^{n}\alpha_i(\omega^T\phi(x) + b + \xi_i + \xi_i^* - y_i) \tag{2-24}$$

令式中参数的偏导为零，求解拉格朗日乘子 α_i 和 b，根据 Mercer 条件，使用核函数 $k(x_i, x_j)$ 优化回归函数，最小二乘支持向量机算法回归预测形式如下：

$$f(x) = \sum_{i=1}^{n}\alpha_i k(x_i, x_j) + b \tag{2-25}$$

常用的核函数有线性核函数、多项式核函数、径向基函数(radial basis function, RBF)以及 Sigmoid 函数。由于径向基函数属于非线性函数，有利于简化训练过程，并且对小样本的预测效果较好，非线性映射性能很好，选择 RBF 进行最小二乘支持向量机算法模型搭建，其表达式如下[15]：

$$k(x_i, x_j) = \exp\left(-\frac{\|x_i - x_j\|^2}{2\sigma^2}\right) \tag{2-26}$$

需要定义两个核心参数：核函数参数 γ 和惩罚系数 C。其中，核函数参数 $\gamma = \dfrac{1}{2\sigma^2}$ 定义了单个训练样本对整体训练效果的影响程度，值越小影响越大，值越大影响越小；惩罚系数 C 在准确度和泛化能力之间进行权衡。这两个参数都可以通过网格寻优的方式进行参数选择。

网格搜索法是基于固定参数范围的一种穷举搜索方法，将核函数参数 γ 和惩罚系数 C 可能的取值进行排列组合，列出所有可能的参数组合结果建立"网格"。然后将每一组参数组合用于算法训练，并使用交叉验证对算法的表现进行评估。使用均方根误差为评估指标，选取最佳参数组合，有效避免样本中的极端值对模型性能和稳定性产生负面影响。

以第 1 组实验为例，建立基于 LSSVM 算法的温度表征模型，第 1 组测温特征点峰值温度如表 2-8 所示。搅拌针前进侧到焊缝中心距离为正值，搅拌针后退侧到焊缝中心距离为负值。

表 2-8　第 1 组测温特征点峰值温度

特征点	到焊缝中心距离 d_1 /mm	到下表面距离 d_2 /mm	峰值温度 T /℃
A1	7.5	13.5	490.8
A2	10.0	13.5	460.8
A3	13.0	13.5	409.7
Λ4	17.0	13.5	381.1
A5	7.5	16.0	510.0
A6	7.5	10.0	461.9
A7	7.5	2.0	397.4
R1	−7.5	13.5	464.5
R2	−10.0	13.5	446.4
R3	−13.0	13.5	403.1
R4	−17.0	13.5	375.0
R5	−7.5	16.0	496.8
R6	−7.5	10.0	446.6
R7	−7.5	2.0	397.4

　　首先设置惩罚系数 C 和核函数参数 γ 的范围为 $[0,1000]$ 和 $[0,10000]$，步进大小为 1 和 10，基于网格搜索法进行参数寻优，根据一轮寻优结果设定新的参数范围和步进值，进行二轮寻优，寻优如图 2-30 所示。

　　将最佳核函数参数 γ 和惩罚系数 C 组合代入 LSSVM 算法中，建立温度表征模型，表征精度如图 2-31 所示，表征结果如图 2-32 所示。

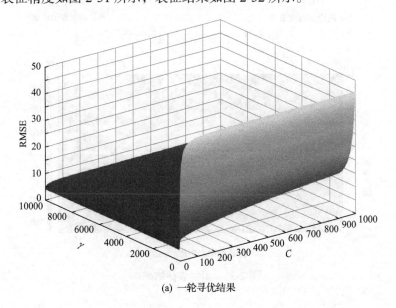

(a) 一轮寻优结果

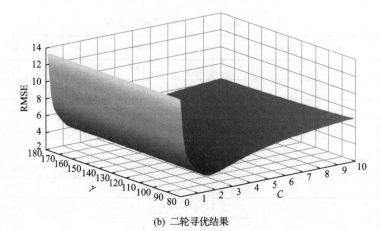

(b) 二轮寻优结果

图 2-30　核函数参数 γ 和惩罚系数 C 寻优

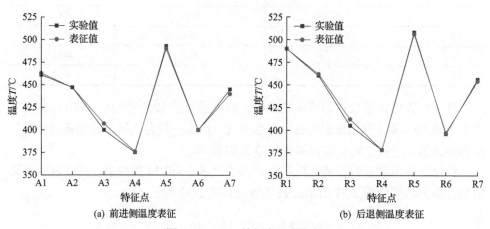

(a) 前进侧温度表征

(b) 后退侧温度表征

图 2-31　FSW 特征点温度表征

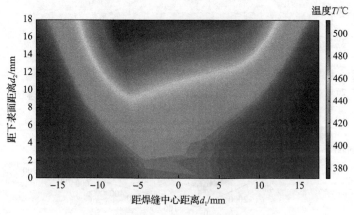

图 2-32　温度表征结果

通过训练，基于 LSSVM 算法的接头温度表征最大绝对误差为 8.4℃，最大相对误差为 2.1%。表明基于 LSSVM 算法的 FSW 温度场表征方法可以实现 2219 铝合金厚板 FSW 三维空间温度表征。

2.4　本　章　小　结

本章基于实验研究了 2219 铝合金厚板 FSW 温度场表征。首先基于 K 型热电偶测温技术和 LabVIEW 编程技术开发了 FSW 温度场检测和分析系统的硬件和软件系统。研发的 FSW 温度场检测和分析系统的测试精度为±2%，满足 FSW 温度场检测需求。然后利用研发的 FSW 温度场检测和分析系统，进行了 18mm 厚 2219 铝合金 FSW 测温实验，得到了焊缝不同区域的温度分布规律。发现各测温特征点温度均先上升后下降，在搅拌头经过测温特征点时，出现峰值温度。当搅拌头垂直下压，没有倾角时，在垂直于焊缝的同一截面，距离焊缝中心同一位置处前进侧温度高于后退侧温度；当搅拌头向后退侧偏斜一定角度，即存在后倾角时，前进侧温度低于后退侧温度。基于 FSW 测温实验探究了搅拌头转速和焊接速度对 2219 铝合金厚板 FSW 温度场的影响规律，发现在一定转速范围内，随着搅拌头转速增大焊接温度提高，焊件上、下表面温差降低；但搅拌头转速过大会引起表面缺陷和温度波动。随焊接速度增大，焊接温度降低，焊件上、下表面温差增大。为更好地研究不同工艺参数对 FSW 温度分布的综合作用，引入线性能量因子（搅拌头转速和焊接速度之比）表征热输入，结果表明，线性能量因子存在合适范围，过大或过小的线性能量因子代表工艺参数选择不合理，对接头温度场产生负面影响。从温度角度看，线性能量因子为 3～4 较合理。

为全面表征 2219 铝合金厚板 FSW 温度分布，提出基于 LSSVM 算法的 FSW 温度场表征方法，最大相对误差为 2.1%。该方法依托有限的特征点热循环曲线，可以实现接头不同空间位置的温度获取，为后续深入研究焊缝材料塑性流动和微观组织演变奠定基础。

参 考 文 献

[1] 全国工业过程测量控制和自动化标准化技术委员会. 热电偶 第 1 部分: 电动势规范和允差 GB/T 16839.1—2018[S]. 北京: 中国标准出版社, 2018.

[2] 阎妍, 行鸿彦. 基于小波包多阈值处理的海杂波去噪方法[J]. 电子测量与仪器学报, 2018, 32(8): 172-178.

[3] 王静波, 熊盛青, 罗锋, 等. 航空重力测量数据的小波滤波处理[J]. 物探与化探, 2020, 44(2): 300-312.

[4] 章浙涛. 小波分析理论及其在变形监测中的应用研究[D]. 长沙: 中南大学, 2014.

[5] 许欣欣. 2A14 铝合金静轴肩搅拌摩擦焊 T 形接头组织性能研究[D]. 哈尔滨: 哈尔滨工业大学, 2020.

[6] Zandsalimi S, Heidarzadeh A, Saeid T. Dissimilar friction-stir welding of 430 stainless steel and 6061 aluminum alloy: Microstructure and mechanical properties of the joints[J]. Proceedings of the Institution of Mechanical Engineers, Part L: Journal of Materials: Design and Applications, 2019, 233（9）: 1791-1801.

[7] 杜岩峰, 白景彬, 田志杰, 等. 2219 铝合金搅拌摩擦焊温度场的三维实体耦合数值模拟[J]. 焊接学报, 2014, 35（8）: 57-60, 70, 115-116.

[8] 赵维刚, 陈吉, 王宇晗, 等. 铝合金搅拌摩擦焊接工艺参数对焊接温度的影响[J]. 机械制造与自动化, 2016, 45（4）: 17-20.

[9] 王磊, 谢里阳. 摩擦搅拌焊接过程温度场的测量分析[J]. 轻合金加工技术, 2011, 39（4）: 54-59.

[10] 周卫涛, 刘金合, 董春林, 等. 2024 厚板铝合金温度场检测分析[J]. 航空制造技术, 2012, （20）: 81-83, 87.

[11] Chen C M, Kovacevic R. Finite element modeling of friction stir welding-thermal and thermomechanical analysis[J]. International Journal of Machine Tools & Manufacture, 2003, 43（13）: 1319-1326.

[12] Hoda A A F, Arab N B M, Gollo M H, et al. Numerical and experimental investigation of defects formation during friction stir processing on AZ91[J]. SN Applied Sciences, 2021, 3（1）: 108.

[13] Verma S, Misra J P, Gupta M. Study of temperature distribution and parametric optimization during FSW of AA6082 using statistical approaches[J]. SAE International Journal of Materials and Manufacturing, 2019, 12（1）: 73-82.

[14] Suykens J A K, Vandewalle J. Least squares support vector machine classifiers[J]. Neural Processing Letters, 1999, 9（3）: 293-300.

[15] Song Y, Niu W D, Wang Y H, et al. A novel method for energy consumption prediction of underwater gliders using optimal LSSVM with PSO algorithm[C]. Global Oceans 2020: Singapore-U.S. Gulf Coast, Biloxi, 2020: 1-5.

第 3 章　基于热源模型的 2219 铝合金厚板 FSW 温度场分析

FSW 通过焊接过程中的产热软化焊件材料，然后通过搅拌头的搅拌作用混合材料，形成焊缝。轴肩与焊件材料的摩擦产热是热源的主要来源[1]。搅拌针位于轴肩的下方，它的主要功能是混合要焊接的材料，搅拌针与焊件材料的摩擦也为焊接提供一部分能量。实际上，在 FSW 过程中不仅有轴肩、搅拌针与焊件材料摩擦产生的热量，还有焊缝材料发生塑性变形引起的塑性变形产热。因此，FSW 过程中存在着多个产热过程，以及热传导、热对流和热辐射三类传热过程，FSW 过程是一个复杂的热力学过程。

本章概述不考虑搅拌针产热和考虑搅拌针产热的热源模型，对 FSW 过程中的传热过程进行分析，探究由不同热源模型获得的 FSW 温度分布，并以圆台形搅拌头的产热模型为例，基于 18mm 厚 2219 铝合金 FSW 测温实验验证所建立模型的有效性。

3.1　热源模型

3.1.1　不考虑搅拌针产热的热源模型

Chao 和 Qi[2]建立的模型只考虑了搅拌头轴肩的产热，基于此，轴肩与母材之间摩擦产生的热源密度可假定为

$$q(r) = \frac{3Qr}{2\pi\left(R_1^3 - R_2^3\right)}, \quad R_2 \leqslant r < R_1 \tag{3-1}$$

式中，Q 为输入焊件总的热功率；r 为半径，即搅拌头上任意一点到搅拌头轴线之间的距离；R_1、R_2 分别为轴肩和搅拌针的半径。

从式(3-1)可以看出，输入焊件总的热功率和搅拌头上任意一点到搅拌头轴线之间的距离成正比，这基于以下两个假设条件：

(1)焊接施加的力均匀分布于轴肩和母材之间，不考虑搅拌针的作用；

(2)只考虑摩擦产生热量。

式(3-1)可进一步简化为

$$q(r) = \frac{P\mu}{\pi\left(R_1^2 - R_2^2\right)} \cdot \frac{2\pi\omega r}{60} \tag{3-2}$$

式中，P 为焊接压力；ω 为旋转角速度；μ 为摩擦系数。

由式(3-1)可以得到当 $R_2 \leqslant r < R_1$ 时，输入焊件总的热功率，即

$$\int_{R_2}^{R_1} q(r) 2\pi r \mathrm{d}r = Q \tag{3-3}$$

输入焊件总的热功率由多个参数决定，由式(3-2)和式(3-3)可以得到

$$Q = \frac{\pi\omega\mu P\left(R_1^2 + R_1 R_2 + R_2^2\right)}{45(R_1 + R_2)} \tag{3-4}$$

Frigaard 等[3]基于有限差分法，建立了 FSW 的三维数值热流模型。他们认为在 FSW 过程中，热量主要产生于搅拌头轴肩下方，从而导致板材厚度方向上的温度梯度变化。

在轴向载荷作用下，轴肩相对于板表面旋转所需要的扭矩为

$$M = \int_0^{M_R} \mathrm{d}M = \int_0^R \mu P(r) 2\pi r^2 \mathrm{d}r = \frac{2}{3}\mu\pi P R^3 \tag{3-5}$$

式中，M 为界面扭矩；μ 为摩擦系数；R 为表面半径；$P(r)$ 为界面上的压力分布（此处假定为常数且等于 P ）。

如果将界面上的所有剪切功转化为摩擦热，则单位面积和时间内的平均热输入为

$$q_0 = \int_0^{M_R} \omega\mathrm{d}M = \int_0^R \omega 2\pi\mu P r^2 \mathrm{d}r \tag{3-6}$$

式中，q_0 是净功率。

下一步用搅拌头转速 n 来表示角速度。把 $\omega = 2\pi n$ 代入式(3-6)，可以得到

$$q_0 = \int_0^R 4\pi^2 \mu P n r^2 \mathrm{d}r = \frac{4}{3}\pi^2 \mu P n R^3 \tag{3-7}$$

从式(3-7)可以明显看出，热量输入取决于搅拌头转速和搅拌头轴肩半径，导致焊接过程中产生的热量不均匀。

算法在 MATLAB 中实现。在模型中，显式求解方法与非均匀网格大小相结合。通过这种方法，可以在不降低热流计算精度的情况下，最大限度地减少计算工作

量。在焊接模拟过程中，假定热源以恒定速度 v 沿正 x 方向移动。对于每个时间步长 dt，通过让热源在 (dx/v)/dt 迭代后前进一个网格长度 dx 来计算能量输入。

在瞬态加热期间，当搅拌头轴肩温度上升时，式 (3-7) 被认为可以充分描述 FSW 期间的发热情况。然而，在铝合金 FSW 过程中，人们普遍认为，如果材料的加热速度超过共晶温度，而共晶相又不能完全溶解到基体中，就会发生局部熔化。如果满足局部熔化的条件，在焊件和搅拌头接触界面形成液相层，对轴肩起润滑作用，减小摩擦，故在搅拌头轴肩下面存在最高温度 T_{max}，焊接产热过程的数值模拟应规定不允许超过这个温度。在数值代码中，对摩擦阻力下降进行了适当修正。对高温下摩擦系数的减小进行了适当修正。在实际操作中，调整每个时间步长 dt 上的 μ 值，使轴肩下的温度不超过 T_{max}。

3.1.2　考虑搅拌针产热的热源模型

1. FSW 过程产热分析

如图 3-1 所示，FSW 的产热过程是一个复杂过程，其热量来源主要包括搅拌头的轴肩以及搅拌针与母材作用界面的摩擦产热，焊缝材料塑性变形产热也占一部分。在模拟计算的过程中，为简化模型，主要考虑搅拌头轴肩和搅拌针作用区域的摩擦产热以及搅拌针作用区域的材料塑性变形产热。

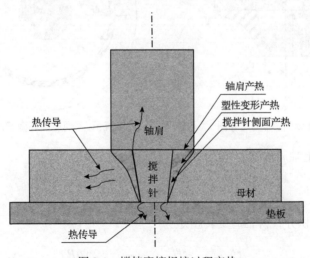

图 3-1　搅拌摩擦焊接过程产热

2. 摩擦产热数学模型

常规条件下，铝合金板材在 FSW 过程中的热量来源主要是搅拌头与待焊母材的摩擦产热和母材内部的金属塑性变形产热；其中，轴肩与母材的摩擦产热是

FSW 过程中热量的主要来源[4]。在焊接压力作用下，搅拌针和搅拌头轴肩对焊材表面摩擦产生热量，软化被焊金属材料，再通过搅拌头的高速转动使软化的被焊金属材料发生塑性流动，在流动的过程中伴有强烈的动态再结晶，进而实现金属材料的焊接[5]。由于达到再结晶温度之前摩擦产热对热量的贡献更大，因此考虑摩擦产热建立铝合金 FSW 过程中产热的数学模型。如图 3-2 所示搅拌头尺寸图，其轴肩半径为 R_1，搅拌针顶端半径为 R_2，搅拌针底端半径为 R_3，搅拌针锥角为 2α，搅拌针长度为 H，搅拌头转速为 n，角速度为 ω，焊接压力为 P。

　　首先建立轴肩产热的数学模型，轴肩产热的区域为 R_1 与 R_2 之间的圆环，假设焊接压力 P 均匀施加于轴肩，则如图 3-3 所示，取到圆心距离为 r、宽度为 $\mathrm{d}r$ 的圆环微元，其所受的摩擦力为

$$\mathrm{d}f = \mu\mathrm{d}F = \mu P\mathrm{d}s = 2\pi r\mu P\mathrm{d}r \tag{3-8}$$

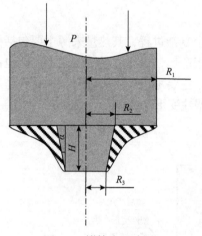

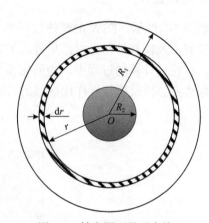

图 3-2　搅拌头尺寸图　　　　　　图 3-3　轴肩圆环微元产热

圆环微元上轴肩旋转力矩为

$$\mathrm{d}M = r\mathrm{d}f = 2\pi P\mu r^2\mathrm{d}r \tag{3-9}$$

对式 (3-9) 进行积分，得轴肩旋转扭矩为

$$M_{\text{shoulder}} = \int_{R_2}^{R_1}\mathrm{d}M = \int_{R_2}^{R_1}2\pi P\mu r^2\mathrm{d}r = \frac{2\pi\mu P}{3}\left(R_1^3 - R_2^3\right) \tag{3-10}$$

则轴肩的产热功率为

$$W_{\text{shoulder}} = M_{\text{shoulder}}\omega = \frac{2\pi\omega\mu P}{3}\left(R_1^3 - R_2^3\right) \tag{3-11}$$

式中，ω 为搅拌头旋转的角速度，$\omega = 2\pi n$。轴肩产热功率的单位为 W。

下面建立搅拌针侧面的产热数学模型。不考虑搅拌针表面的螺纹影响，将搅拌针简化分类成圆台形、圆柱形和圆锥形三种类型，分别建立产热的数学模型。

1）圆台形搅拌针侧面产热数学模型

如图 3-4 所示，设圆台形搅拌针的锥角为 2α，根部和端部半径分别为 R_2 和 R_3，则半径为 r、厚度为 ds 微圆台侧面积为

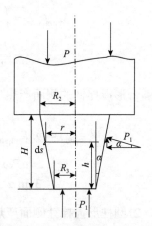

$$dA = 2\pi r ds \qquad (3\text{-}12)$$

式中，$ds = \dfrac{dh}{\cos\alpha}$，$r = R_3 + h\tan\alpha$，代入式 (3-12)，得

$$dA = \frac{2\pi(R_3 + h\tan\alpha)}{\cos\alpha}dh \qquad (3\text{-}13)$$

对式 (3-13) 积分，得圆台形搅拌针侧面积为

图 3-4　圆台形搅拌针产热分析

$$S_{\text{side}} = \int_0^H \frac{2\pi(R_3 + h\tan\alpha)}{\cos\alpha}dh = \frac{2\pi R_3 H + \pi H^2 \tan\alpha}{\cos\alpha} \qquad (3\text{-}14)$$

假设搅拌针的侧面受力为 P_1，则其所受向上的分力，下表面所受向上的力与上表面所受向下的力达到平衡状态，则

$$P_1 \pi R_3^2 + P_1 S_{\text{side}} \sin\alpha = P\pi R_2^2 \qquad (3\text{-}15)$$

可解得

$$P_1 = \frac{P\pi R_2^2}{\pi R_3^2 + S_{\text{side}} \sin\alpha} \qquad (3\text{-}16)$$

因为 $R_2 = R_3 + H\tan\alpha$，由式 (3-14) 和式 (3-16) 可得

$$P_1 = P \qquad (3\text{-}17)$$

搅拌针侧面微圆环受到的摩擦力为

$$df = 2\pi\mu P_1 r ds = 2\pi\mu P(R_3 + h\tan\alpha)\frac{dh}{\cos\alpha} \qquad (3\text{-}18)$$

侧面微圆环旋转产生的扭矩为

$$dM = rdf = 2\pi\mu P\left(R_3 + h\tan\alpha\right)^2 \frac{dh}{\cos\alpha} \tag{3-19}$$

对式(3-19)进行积分,得到搅拌针旋转产生的扭矩为

$$M_{\text{pin}_1\text{side}} = \int_0^H 2\pi\mu P(R_3 + h\tan\alpha)^2 \frac{dh}{\cos\alpha}$$
$$= \frac{2\pi\mu PH}{3\cos\alpha}\left(3R_3^2 + 3R_3 H\tan\alpha + H^2\tan^2\alpha\right) \tag{3-20}$$

故圆台形搅拌针的侧面产热功率为

$$W_{\text{pin}_1\text{side}} = \omega M_{\text{pin}_1\text{side}} = \frac{2\pi\mu\omega PH}{3\cos\alpha}\left(3R_3^2 + 3R_3\tan\alpha + H^2\tan^2\alpha\right)$$
$$= \frac{2\pi\mu P\omega}{3\sin\alpha}(R_2^3 - R_3^3) \tag{3-21}$$

2)圆柱形搅拌针侧面产热数学模型

如图 3-5 所示,圆柱形搅拌针半径为 R_2,高度为 H。侧面积 $S_{\text{pin}_2\text{side}} = 2\pi R_2 H$。设圆柱形搅拌针承受的均匀压力为 P,则搅拌针旋转扭矩为

$$M_{\text{pin}_2\text{side}} = 2\pi\mu P R_2^2 H \tag{3-22}$$

产热功率为

$$W_{\text{pin}_2\text{side}} = 2\pi\mu\omega P R_2^2 H \tag{3-23}$$

3)圆锥形搅拌针侧面产热数学模型

与圆台形和圆柱形搅拌针不同,圆锥形搅拌针下端半径 R_3 为 0,如图 3-6 所示。同之前分析步骤,可得侧面积

$$S_{\text{pin}_3\text{side}} = \int_0^H \frac{2\pi r}{\cos\alpha} dh = \int_0^H \frac{2\pi h\tan\alpha}{\cos\alpha} dh = \frac{\pi H^2\tan\alpha}{\cos\alpha} \tag{3-24}$$

侧面产热功率为

$$W_{\text{pin}_3\text{side}} = \frac{2\pi\mu P\omega}{3\sin\alpha} R_2^3 \tag{3-25}$$

由以上公式推导可知,搅拌摩擦焊接过程准稳态时,圆台形、圆柱形搅拌针以及圆锥形搅拌针侧面受到的压力和施加于轴肩的焊接压力相同,故焊接过程中搅拌针旋转摩擦产热功率可用式(3-26)表示:

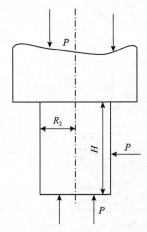

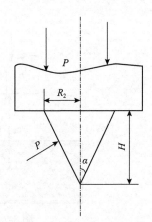

图 3-5　圆柱形搅拌针产热分析　　　　图 3-6　圆锥形搅拌针产热分析

$$
\begin{aligned}
W_{\text{pinside}} &= \frac{2\pi\mu\omega PH}{3\cos\alpha}\left(3R_3^2 + 3R_3\tan\alpha + H^2\tan^2\alpha\right) \\
&= \frac{2\pi\mu\omega P}{3\sin\alpha}\left(R_2^3 - R_3^3\right)
\end{aligned}
\tag{3-26}
$$

当 $R_2 \neq R_3 \neq 0$ 时，表示圆台形搅拌针；当 $R_2 = R_3 \neq 0$（$\alpha=0°$）时，表示圆柱形搅拌针；当 $R_2 \neq 0$，$R_3 = 0$ 时，表示圆锥形搅拌针。故建立 FSW 过程的产热数学模型时，只建立圆台形搅拌针数学模型即可。

对于圆柱形和圆台形搅拌针，同理可得搅拌针底面产热功率为

$$
W_{\text{pinbottom}} = \frac{2\pi\omega\mu P}{3}R_3^3
\tag{3-27}
$$

下面建立搅拌针扎入母材阶段的产热模型。假设焊接过程压力不变，搅拌针扎入母材的速度为 v，如图 3-7 所示，则在 t 时刻，扎入深度为

$$
h = vt
\tag{3-28}
$$

搅拌针扎入部分的最大半径为 r，则

$$
r = R_3 + vt\tan\alpha
\tag{3-29}
$$

设搅拌针扎入母材部分侧面积为 S'_{side}，则同理可得

$$
S'_{\text{side}} = \frac{2\pi\left(R_3 vt + \dfrac{\tan\alpha}{2}v^2t^2\right)}{\cos\alpha}
\tag{3-30}
$$

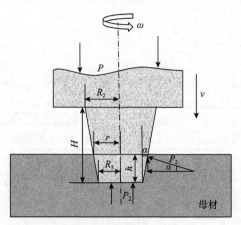

图 3-7　搅拌针插入阶段

设搅拌针扎入阶段侧面受到的压力为 P_2，则

$$P_2 S_{\text{bottom}} + P_2 S'_{\text{side}} \sin \alpha = P \pi R_1^2 \tag{3-31}$$

可解得

$$P_2 = \left(\frac{R_1}{R_3 + vt \tan \alpha} \right)^2 P = \left(\frac{R_1}{r} \right)^2 P \tag{3-32}$$

则时间 t 时搅拌针扎入母材的产热功率为

$$W_{\text{pin}_1 \text{side}} = \frac{2\pi\mu\omega P_2 vt}{3\cos\alpha} \left(3R_3^3 + 3R_3 vt \tan\alpha + v^2 t^2 \tan^2\alpha \right)$$
$$= \frac{2\pi\mu\omega P_2}{3\sin\alpha} (r^3 - R_3^3) \tag{3-33}$$

底面产热功率为

$$W_{\text{pin}_1 \text{bottom}} = \omega M_{\text{bottom}} = \frac{2\pi\mu\omega P_2}{3} R_3^3$$
$$= \frac{2\pi\mu\omega}{3} \left(\frac{R_1}{r} \right)^2 P R_3^3 \tag{3-34}$$

搅拌针扎入 t 时刻，产热功率为

$$W_{\text{pin}_1 \text{total}} = W_{\text{pin}_1 \text{side}} + W_{\text{pin}_1 \text{bottom}}$$
$$= \frac{2\pi\mu\omega}{3\sin\alpha} (r^3 - R_3^3) \left(\frac{R_1}{r} \right)^2 P + \frac{2\pi\mu\omega}{3} \left(\frac{R_1}{r} \right)^2 P R_3^3 \tag{3-35}$$

圆柱形搅拌针扎入阶段侧面产热功率为

$$W_{\text{pin}_2\text{side}} = 2\pi\mu\omega PR_1^2 vt \tag{3-36}$$

圆锥形搅拌针扎入阶段侧面产热功率为

$$W_{\text{pin}_3\text{side}} = \frac{2\pi\mu\omega P_2}{3\sin\alpha}(vt\tan\alpha)^2 \tag{3-37}$$

3. FSW 过程塑性变形产热

除摩擦产热外，FSW 过程中还有材料塑性变形产热，在 FSW 过程中，大部分变形功会转换成热量放出，只有很小一部分变形功以弹性变形能的形式储存在变形体中，则 FSW 过程中塑性变形产热如式 (3-38) 所示：

$$q_p = \alpha_p\bar{\sigma}\dot{\bar{\varepsilon}} \tag{3-38}$$

式中，q_p 为塑性应变能转化成的热源密度，单位为 J/(m³·s)；α_p 为热转换率，通常为 0.9~0.95；$\bar{\sigma}$ 为等效应力，单位为 MPa；$\dot{\bar{\varepsilon}}$ 为等效应变速率，单位为 s⁻¹。

材料塑性变形产热功率为

$$Q_V = \int_V \alpha_p\bar{\sigma}\dot{\bar{\varepsilon}}\mathrm{d}V \tag{3-39}$$

式中，Q_V 为体积为 V 的塑性材料的产热功率，单位为 W。

4. FSW 过程产热总量

FSW 过程主要由以下四个阶段组成：①搅拌头下压阶段；②搅拌头停留预热阶段；③搅拌头焊接进给阶段；④搅拌头退出阶段，如图 3-8 所示。

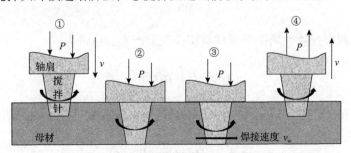

图 3-8　搅拌摩擦焊接流程

搅拌头进给阶段是稳定焊接过程，其产热对整个焊接过程影响最大。FSW 过程中产生总热量为

$$Q_{\text{total}} = Q_1 + Q_2 + Q_3 + Q_{Vt} \tag{3-40}$$

式中，Q_1 为搅拌头下压阶段产热；Q_2 为搅拌头停留预热阶段产热；Q_3 为搅拌头焊接进给过程中产热；Q_{Vt} 为焊缝材料塑性变形产热。

搅拌头下压阶段产生的热量为

$$
\begin{aligned}
Q_1 &= \int_0^{t_1} W_{\text{pin}_1\text{total}} \mathrm{d}t \\
&= \int_{R_3}^{R_2} \left[\frac{2\pi\mu\omega}{3\sin\alpha} \left(r^3 - R^3 \right) \left(\frac{R_1}{r} \right)^2 P + \frac{2\pi\mu\omega}{3} \left(\frac{R_1}{r} \right)^2 PR_3^3 \right] \frac{\mathrm{d}r}{v\tan\alpha} \\
&= \frac{2\pi\mu\omega PR_1^2}{3v\sin\alpha\tan\alpha} \int_{R_3}^{R_2} \left(r - \frac{R_3^3}{r^2} \right) \mathrm{d}r + \frac{2\pi\mu\omega PR_1^2 R_3^3}{3v\tan\alpha} \int_{R_3}^{R_2} \frac{1}{r^2} \mathrm{d}r \\
&= \frac{2\pi\mu\omega PR_1^2}{6vR_2\sin\alpha\tan\alpha} \left(R_2^3 + R_3^3 \right) - \frac{2\pi\mu\omega PR_1^2 R_3^3}{3vR_2\tan\alpha}
\end{aligned}
\tag{3-41}
$$

搅拌头停留预热阶段产生的热量为

$$
\begin{aligned}
Q_2 &= \int_0^{t_2} \left(W_{\text{pin}_1\text{side}} + W_{\text{pinbottom}} + W_{\text{shoulder}} \right) \mathrm{d}t \\
&= \frac{2\pi\mu\omega P t_2}{3} \left(\frac{R_2^3 - R_3^3}{\sin\alpha} + R_3^3 + R_1^3 - R_2^3 \right)
\end{aligned}
\tag{3-42}
$$

搅拌头焊接进给过程中产生的热量为

$$
\begin{aligned}
Q_3 &= \left(W_{\text{pin}_1\text{side}} + W_{\text{pinbottom}} + W_{\text{shoulder}} \right) t_3 \\
&= \frac{2\pi\mu\omega P t_3}{3} \left(\frac{R_2^3 - R_3^3}{\sin\alpha} + R_3^3 + R_1^3 - R_2^3 \right)
\end{aligned}
\tag{3-43}
$$

焊接过程中搅拌针周围金属材料塑性变形产生的热量为

$$Q_{Vt} = t_4 \int_V \alpha\bar{\sigma}\dot{\bar{\varepsilon}}\mathrm{d}V \tag{3-44}$$

式中，t_1、t_2 和 t_3 分别为下压、停留预热和焊接进给所需时间；t_4 为前三者时间之和。

3.2　传　热　模　型

FSW 过程十分复杂，焊件材料的温度时刻都在变化，只对三维瞬态传热问题进行分析。在直角坐标系中变形体内的瞬态温度场 $T(x,y,z,t)$ 满足微分方程[6]：

$$\rho c \frac{\partial T}{\partial t} = \frac{\partial}{\partial x}\left(\lambda_x \frac{\partial T}{\partial x}\right) + \frac{\partial}{\partial y}\left(\lambda_y \frac{\partial T}{\partial y}\right) + \frac{\partial}{\partial z}\left(\lambda_z \frac{\partial T}{\partial z}\right) + \dot{q} \tag{3-45}$$

式中，T 为随时间 t 和位置 (x,y,z) 变化的温度值，单位为℃；$\dot{q}$ 为内热源在单位时间、单位体积所产生的热量，单位为 J/(m³·s)；c 为比热容，单位为 J/(kg·℃)；λ_x、λ_y、λ_z 分别为 x、y、z 方向的热传导系数。

假设材料热传导各向同性，则变形体内的瞬态温度场 $T(x,y,z,t)$ 满足微分方程：

$$\rho c \frac{\partial T}{\partial t} - \lambda\left(\frac{\partial^2 T}{\partial x^2} + \frac{\partial^2 T}{\partial y^2} + \frac{\partial^2 T}{\partial y^2}\right) - \dot{q} = 0 \tag{3-46}$$

把焊接过程中搅拌针刚接触工件的时刻作为初始时刻[7]，由于焊接前焊件和设备都处于室温状态，因此初始条件为

$$T(x,y,z,t)\big|_{t=0} = T_0(x,y,z) \tag{3-47}$$

FSW 过程中的温度场是否准确一方面与热输入有关，另一方面与热输出有关。当搅拌头高速旋转并压入焊板时，因搅拌头和焊板之间存在摩擦阻力，产生摩擦热，当搅拌头在焊板上下压到一定位置，开始沿设定方向行进时，搅拌头附近焊板材料与周围焊板材料之间存在极大的温度梯度，从而使热量从高温区域向低温区域传递，传递的主要方式有热传导、热对流和热辐射。

3.2.1　热传导

物体或系统内的温差是热传导的必要条件。热传导速率取决于物体内温度场的分布情况。热传导遵循傅里叶定律，其基本形式为

$$q = -\lambda \frac{\partial T}{\partial x} \tag{3-48}$$

式中，q 为热流密度；λ 为材料导热系数；$\dfrac{\partial T}{\partial x}$ 为温度梯度。

在 FSW 过程中，搅拌头与焊板之间、焊板内部以及焊板与垫板之间存在热传导。

1. 搅拌头与焊板之间的热传导

FSW 开始时，搅拌头在焊机主轴带动下高速旋转并向下紧压焊板表面，当下压到一定位置时，开始沿设定方向移动，进入焊接进给阶段，在这个过程中因搅

拌头与焊板之间摩擦阻力而产生大量的热量。产生的总热量会在搅拌头和焊板之间存在一定的分配比例，模型不同则分配比例也会不同。

2. 焊板内部的热传导

热量首先会产自于搅拌头直接作用在焊板上的区域内，随后因为该区域与周围焊板材料之间存在温差，从而热量会从焊板材料中的高温区域传递到焊板材料中的低温区域。热量传递的速度取决于焊板材料的导热系数。

3. 焊板与垫板之间的热传导

设置热边界条件时，将焊板与垫板接触区域，即焊板下表面的导热系数设为 $100W/(m^2 \cdot K)$ [8]。

3.2.2 热对流

热对流是通过流动介质热微粒由空间的一处向另一处传热的现象，热对流可分为自然对流和强制对流两种。在 FSW 过程中，环境温度下的空气流过高温焊件表面是一种自然的对流换热。通常用牛顿冷却公式描述自然对流换热[9]：

$$q = h\Delta T \tag{3-49}$$

式中，q 为对流换热的热流密度；h 为对流换热系数；ΔT 为固体与流体之间的温差。

在 FSW 过程中，焊件上表面和四个侧面与空气的对流换热系数定为 $30W/(m^2 \cdot K)$ [8]。

3.2.3 热辐射

热辐射是指一个物体吸收到其他物体发射的电磁能并转换为热的热量交换过程，热辐射不需要传热介质。辐射热流量可用斯特藩-玻尔兹曼定律的经验修正公式来计算：

$$q = \varepsilon F \sigma_b T^4 \tag{3-50}$$

式中，q 为辐射热流量；T 为热力学温度；ε 为发射率；F 为表面积；σ_b 为热体辐射常数。

3.3 不同热源模型获得的温度分布

本章中，不同热源模型的温度分布通过 DFLUX 热源模型子程序导入

ABAQUS 仿真软件中获取。

热源子程序 DFLUX 基于 Visual Studio 程序开发环境，用 FORTRAN 语言编写，在热源模型子程序中，摩擦产热是热量的主要来源，摩擦系数对产热量具有十分显著的影响。Zhang 等[10]对 2219 铝合金 FSW 过程中摩擦系数的影响因素进行了研究，发现摩擦系数受温度影响最显著。因此，本章使用随温度变化的摩擦系数，如表 3-1 所示[11]。

表 3-1　随温度变化的摩擦系数[11]

温度 /℃	25	100	200	300	400	500
μ	0.61	0.51	0.21	0.07	0.47	0.01

在 ABAQUS 软件中需要建立焊件模型，设置材料属性，划分网格，设置机械和热边界条件，施加载荷设置等，下面对关键步骤进行介绍。

焊件尺寸为 300mm×75mm×18mm，焊件材料为 2219 铝合金，采用 X 射线荧光光谱仪(日本 XRF-1800)分析材料的化学成分如表 3-2 所示。导入 JMatPro 软件计算获得随温度变化的材料参数如图 3-9 所示。

表 3-2　基于 X 射线荧光光谱仪所测的 2219 铝合金化学成分

元素	Cu	Mn	Fe	Si	Zn	V	Ti	Zr	Mg	Al
质量分数/%	6.21	0.29	0.12	0.15	0.06	0.08	0.03	0.12	0.02	其余

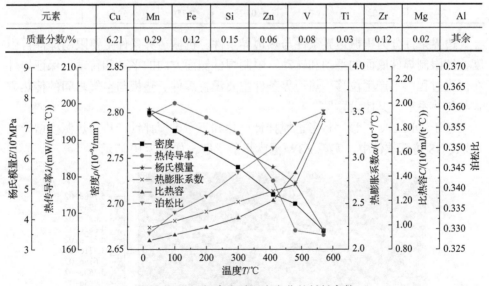

图 3-9　2219 铝合金随温度变化的材料参数

材料本构方程也称材料本构模型，能够描述材料在热力作用下的应力-应变关系。采用 Johnson-Cook 材料本构模型(简称"J-C 本构模型")描述 2219 铝合金等效应力与等效应变、等效应变速率和温度间的函数关系，如式(3-51)所示[12]：

$$\bar{\sigma} = \left(A + B\bar{\varepsilon}^n\right)\left(1 + C\ln\dot{\bar{\varepsilon}}^*\right)\left(1 - \left(T^*\right)^m\right) \tag{3-51}$$

式中，$\bar{\sigma}$ 为等效应力；$\bar{\varepsilon}$ 为等效应变；$\dot{\bar{\varepsilon}}^* = \dot{\bar{\varepsilon}}/\dot{\bar{\varepsilon}}_0$ 为相对等效应变速率，$\dot{\bar{\varepsilon}}$ 为实验等效应变速率，$\dot{\bar{\varepsilon}}_0$ 为参考等效应变速率；A 为材料的屈服应力；B 为与材料相关的常数；n 为应变硬化的影响系数；C 为应变速率敏感性系数；m 为温度敏感性系数；T^* 为无量纲温度，表达式为

$$T^* = \begin{cases} 0, & T < T_r \\ \left(\dfrac{T - T_r}{T_m - T_r}\right), & T_r \leqslant T \leqslant T_m \\ 1, & T > T_m \end{cases}$$

式中，T 为实验温度；T_m 为材料熔点；T_r 为室内环境温度；$0 \leqslant T^* \leqslant 1.0$。

表 3-3 为 2219 铝合金材料 J-C 本构方程相关参数[13]。

表 3-3　2219 铝合金的 J-C 本构方程相关参数[13]

A/MPa	B/MPa	n	C	m	T_r/℃	T_r/℃
170	228	0.31	0.028	2.75	590	20

边界条件分为机械边界条件与热边界条件。机械边界条件主要限制焊件自由度，即限制焊件底面的平动和转动，限制焊件侧面方向的平动和转动，保证焊件在仿真过程中不产生位移。热边界条件主要设置焊件、垫板与空气之间的传热方式与传热系数，具体设置见 3.2 节。

基于 DFLUX 子程序将考虑搅拌针产热和不考虑搅拌针产热的热源模型导入ABAQUS 仿真软件中，实现 FSW 温度场的求解，如图 3-10 所示。

图 3-10　FSW 温度场

3.3.1　不考虑搅拌针产热的温度分布

基于 DFLUX 子程序将不考虑搅拌针产热的热源模型导入 ABAQUS 有限元仿真软件，分别基于高斯面热源和双椭球体热源的经典能量分布形式，输出不同的温度场基于高斯面热源模型的温度分布云图如图 3-11 所示。

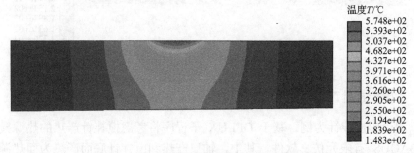

图 3-11　基于高斯面热源模型的温度分布云图

高斯面热源数学模型为

$$q(r,t) = \frac{KQ}{\pi} e^{-K\left[(x-vt)^2 + y^2\right]} \tag{3-52}$$

式中，K 为热转换率；Q 为输入焊件总的热功率。

基于高斯面热源模型的温度场的表现为温度集中于焊件表面。而 FSW 由于搅拌针长度一般略小于焊件厚度，搅拌头高速运转带来的摩擦产热和材料塑性变形产热，温度场应分布于垂直焊缝方向。故该模型不能准确表征 FSW 过程的温度分布。

双椭球体热源数学模型为

$$q_1(x,y,z,t) = \frac{6\sqrt{3}(f_1 Q)}{a_1 bc\pi\sqrt{\pi}} e^{-\frac{3(x-vt)^2}{a_1^2} - \frac{3y^2}{b^2} - \frac{3z^2}{c^2}}, \; x \geqslant 0 \tag{3-53}$$

$$q_2(x,y,z,t) = \frac{6\sqrt{3}(f_2 Q)}{a_2 bc\pi\sqrt{\pi}} e^{-\frac{3(x-vt)^2}{a_1^2} - \frac{3y^2}{b^2} - \frac{3z^2}{c^2}}, \; x < 0 \tag{3-54}$$

基于双椭球体热源模型的 FSW 温度场在垂直于焊缝方向呈现出梯度分布，如图 3-12 所示，但是 FSW 过程中由于搅拌头轴肩和搅拌针与焊件材料的摩擦作用，其温度场应呈现出上宽下窄的形状，故该模型也不能准确表征 FSW 过程的温度分布。

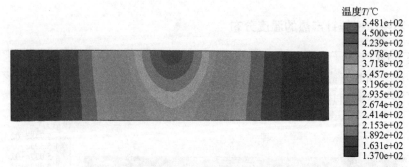

图 3-12　基于双椭球体热源模型的温度分布云图

3.3.2　考虑搅拌针产热的温度分布

以圆台形搅拌针为例,基于 DFLUX 子程序将考虑搅拌针产热的热源模型导入 ABAQUS 有限元仿真软件。其中,轴肩产热和搅拌针底面产热为面热源的能量形式分布,搅拌针侧面产热和塑性变形产热以体热源的能量形式分布,最终输出焊接温度场如图 3-13 所示。

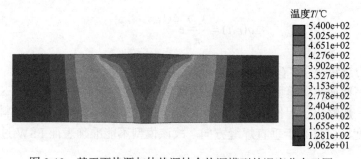

图 3-13　基于面热源与体热源结合热源模型的温度分布云图

面热源和体热源结合热源模型的数学模型如下。

1. 面热源部分

轴肩产热功率:

$$W_{\text{shoulder}} = M_{\text{shoulder}}\omega = \frac{2\pi\omega\mu P}{3}\left(R_1^3 - R_2^3\right) \tag{3-55}$$

搅拌针产热功率:

$$W_{\text{pinbottom}} = \frac{2\pi\omega\mu P}{3}R_3^3 \tag{3-56}$$

2. 体热源部分

搅拌针侧面产热功率：

$$W_{\mathrm{pin_1side}} = \omega M = \frac{2\pi\mu\omega PH}{3\cos\alpha}\left(3R_3^2 + 3R_3\tan\alpha + H^2\tan^2\alpha\right)$$
$$= \frac{2\pi\mu P\omega}{3\sin\alpha}(R_2^3 - R_3^3) \tag{3-57}$$

塑性变形产热功率：

$$Q_V = \int_V \alpha_p \bar{\sigma}\dot{\bar{\varepsilon}}\mathrm{d}V \tag{3-58}$$

如图 3-13 所示，基于面热源与体热源结合热源模型的温度场形状呈现出上宽下窄形状，这与轴肩产热和搅拌针底面产热为面热源的能量分布以及搅拌针侧面产热和塑性变形产热为体热源的能量分布规律一致，并且与文献[14]中 FSW 的温度场形状相近，故可初步确定面热源与体热源结合的热源模型更适合表征 FSW 过程的温度分布。

3.4　热源模型验证

在武汉重型机床集团有限公司采用龙门式搅拌摩擦焊机床进行 FSW 实验，实验现场参见图 2-16。焊件材料为 2219 铝合金，尺寸为 300mm×75mm×18mm。使用圆台形搅拌头，搅拌头的轴肩直径为 32mm，搅拌针顶端直径为 15mm，底端直径为 7mm，搅拌针长度为 17.8mm。FSW 实验参数设定如下：焊接速度为 100mm/min，下压速度为 20mm/min，搅拌头转速分别为 350r/min、400r/min 和 450r/min。

焊接过程中的温度测量可以选用热电偶或红外热像仪测温，但焊接过程中高温、反光及轴肩的遮挡导致红外热像仪测温存在一定的局限性。热电偶测温为接触式测量，能有效避免上述问题。基于 K 型热电偶对焊接温度场进行检测，测温范围为 0～1000℃，测量误差为 $0.75\%T$，采样频率为 10Hz。热电偶测温特征点分布如图 3-14 所示，不同特征点距离焊缝中心 15mm、18mm 和 21mm，距离焊件上表面 6mm。

如图 3-15～图 3-17 所示为主轴转速为 400r/min、焊接速度为 100mm/min 时，测温特征点 A1、A2、A3 的仿真与实验温度对比。

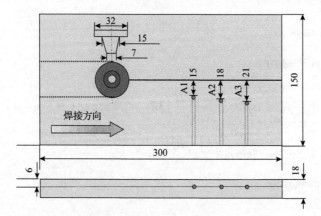

图 3-14 热电偶测温特征点分布示意图(单位：mm)

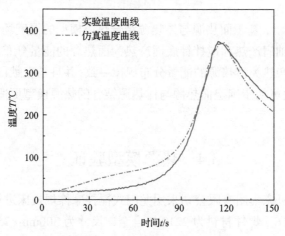

图 3-15 A1 点仿真与实验温度

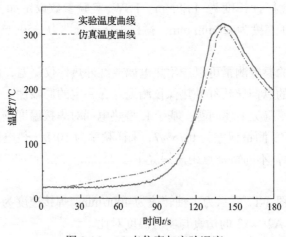

图 3-16 A2 点仿真与实验温度

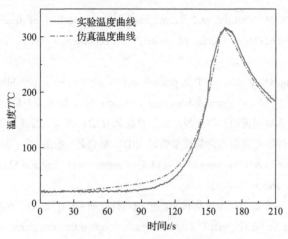

图 3-17　A3 点仿真与实验温度

　　由图 3-15～图 3-17 所示，基于面、体结合热源模型输出的 FSW 测温特征点温度与实验测得的温度变化趋势一致。由表 3-4 可知，峰值温度的最大相对误差为–1.8%，平均相对误差为 1%，验证了所建立的 2219 铝合金 FSW 热源模型的有效性。

表 3-4　基于解析模型的输出结果与实验结果对比

特征点	实验峰值温度/℃	仿真峰值温度/℃	相对误差/%
A1	373.9	376.3	0.6
A2	320.9	315.1	–1.8
A3	314.5	316.7	0.7

3.5　本 章 小 结

　　本章以 FSW 不同热源模型及其温度场为研究内容，分析了不考虑搅拌针产热和考虑搅拌针产热的热源模型，考虑了 FSW 过程的热传导、热对流和热辐射，探究了不同热源模型获得的温度场，初步确定了面热源和体热源结合的能量分布形式下考虑搅拌头产热的热源模型获取的温度场更适合准确表征厚板 FSW 的温度分布。以圆台形搅拌头的产热模型为例，基于 18mm 厚 2219 铝合金 FSW 测温实验验证了模型的有效性，峰值温度的最大相对误差为–1.8%。

参 考 文 献

[1] Khandkar M Z H, Khan J A. Thermal modeling of overlap friction stir welding for Al-alloys[J]. Journal of Materials Processing and Manufacturing Science, 2001, 10(2): 91-105.

[2] Chao Y J, Qi X H. Thermal and thermo-mechanical modeling of friction stir welding of aluminum alloy 6061-T6[J]. Journal of Materials Processing and Manufacturing Science, 1998, 7(2): 215-233.

[3] Frigaard Ø, Grong Ø, Midling O T. A process model for friction stir welding of age hardening aluminum alloys[J]. Metallurgical & Materials Transactions A, 2001, 32(5): 1189-1200.

[4] 刘奋军. 铝合金薄板高速搅拌摩擦焊组织和性能研究[D]. 西安: 西北工业大学, 2018.

[5] 崔妍. 搅拌摩擦焊核心区温度测量模型的研究[D]. 秦皇岛: 燕山大学, 2019.

[6] Bergman T L, Lavine A S, Incropera F P, et al. Fundamentals of Heat and Mass Transfer[M]. New York: John Wiley and Sons, 2011.

[7] 董鹏. 6005A-T6铝合金搅拌摩擦焊接头的组织与性能研究[D]. 长春: 吉林大学, 2014.

[8] Aziz S B, Dewan M W, Huggett D J, et al. A fully coupled thermomechanical model of friction stir welding (FSW) and numerical studies on process parameters of lightweight aluminum alloy joints[J]. Acta Metallurgica Sinica (English Letters), 2018, 31(1): 1-18.

[9] 张全忠. GH4169合金摩擦焊接过程的数值模拟研究[D]. 大连: 大连理工大学, 2007.

[10] Zhang X X, Xiao B L, Ma Z Y. A transient thermal model for friction stir weld. Part I: the model[J]. Metallurgical and Materials Transactions A, 2011, 42(10): 3218-3228.

[11] 徐韦锋, 刘金合, 朱宏强. 2219铝合金厚板搅拌摩擦焊接温度场数值模拟[J]. 焊接学报, 2010, 31(2): 63-66, 78, 116.

[12] Johnson G R, Cook W H. A constitutive model and data for metal subjected to large strains, high strain rates, and high temperatures[J]. Proceedings of the 7th International Symposium on Ballistics, The Hague, 1983: 541-547.

[13] 张子群, 姜兆亮, 魏清月. 2219铝合金动态力学性能及其本构关系[J]. 材料工程, 2017, 45(10): 47-51.

[14] Jain R, Pal S K, Singh S B. A study on the variation of forces and temperature in a friction stir welding process: A finite element approach[J]. Journal of Manufacturing Processes, 2016, 23: 278-286.

第4章 基于DEFORM的2219铝合金厚板FSW温度场表征

4.1 2219铝合金厚板FSW温度场仿真模型

FSW是多物理场耦合的复杂非线性变化过程，涉及温度场、材料塑性流场与应力应变场之间的耦合作用。有限元仿真是解决复杂非线性问题的有效手段，温度场有限元仿真理论基础主要包括传热学、热力学以及有限元仿真相关理论。本节首先简要论述传热学理论与刚黏塑性理论基础知识；然后建立2219铝合金厚板FSW温度场仿真模型，获得温度数据集；最后构建基于表面特征点与核心区极值温度关联关系的核心区温度预测模型，实现2219铝合金厚板FSW核心区极值温度表征。

4.1.1 传热学理论

传热学是研究热量传递规律与由温差引起的热能传递规律的科学。根据热力学第二定律，只要温差存在，热就会自发地从高温处传递到低温处。物体的传热方式可分为热传导、热对流和热辐射三种基本形式[1]。具体理论介绍见3.2节。

4.1.2 刚黏塑性理论

DEFORM是一款基于计算固体力学的专业工艺仿真软件，在分析金属塑性成形工艺等方面独具优势。采用DEFORM软件对2219铝合金厚板FSW过程进行有限元分析。刚黏塑性有限元法在金属成形模拟中得到了广泛的应用。FSW搅拌头下压阶段完成后，焊件材料受到搅拌头高速旋转与挤压作用，焊接区域温度与应变速率急剧升高，焊件材料塑性变形增大，弹性变形很小，因此可忽略弹性变形的影响。在高温和高应变速率下，焊件材料的流动呈黏性，所以将焊件材料视为不可压缩的刚黏塑性材料。刚黏塑性材料对应的有限元求解方法为刚黏塑性有限元法，采用该方法可以进行加工过程中的变形与传热耦合分析[2]。

刚黏塑性材料模型的基本控制方程如下所示：

$$\sigma'_{ij} = \left(\frac{2\bar{\sigma}}{3\bar{\varepsilon}}\right)\dot{\varepsilon}_{ij} \tag{4-1}$$

式中，σ'_{ij} 为应力偏张量；$\dot{\varepsilon}_{ij}$ 为应变速率偏张量；$\bar{\sigma} = \sqrt{\dfrac{3}{2}}\left\{\sigma'_{ij}\sigma'_{ij}\right\}^{\frac{1}{2}}$ 为等效应力；

$\dot{\bar{\varepsilon}} = \sqrt{\dfrac{3}{2}}\left\{\dot{\varepsilon}_{ij}\dot{\varepsilon}_{ij}\right\}^{\frac{1}{2}}$ 为等效应变速率。

刚黏塑性材料模型的等效应力是与等效应变、等效应变速率和温度相关的函数，如下所示：

$$\bar{\sigma} = \bar{\sigma}\left(\bar{\varepsilon}, \dot{\bar{\varepsilon}}, T\right) \tag{4-2}$$

刚黏塑性有限元法通过在离散区间上对速度积分获得变形后物体的形状，避免了变形中的几何非线性问题，同时可设置较大的增量步长，缩短仿真耗时，提高计算效率，并能保证足够的精度。刚黏塑性有限元法采用 Markov 变分原理对变形体进行求解，在满足相容性条件、体积不可压缩性条件和速度边界条件的容许速度场 u_i 中，泛函如下所示：

$$\Pi = \int_V E\left(\dot{\varepsilon}_{ij}\right)\mathrm{d}V - \int_{S_F} F_i u_i \mathrm{d}S \tag{4-3}$$

式中，V 为焊件体积；E 为功函数；u_i 为速度场；S_F 为受作用力的表面；F_i 为作用在 S_F 表面上的力。

完全广义变分原理是对式(4-3)求驻值，即

$$\delta\Pi = \int_V \bar{\sigma}\delta\dot{\bar{\varepsilon}}\mathrm{d}V - \int_{S_F} F_i \delta u_i \mathrm{d}S = 0 \tag{4-4}$$

式中，δ 为变分符号。

实际上寻求既满足速度边界条件又满足体积不可压缩性条件的解是非常困难的，而仅满足速度边界条件的速度场比较容易获得。所以，通过在泛函中引入罚函数法消除容许速度场的体积不可压缩性条件，再进行变分，如下所示：

$$\delta\Pi = \int_V \bar{\sigma}\delta\dot{\bar{\varepsilon}}\mathrm{d}V + \int_V K\dot{\varepsilon}_V \delta\dot{\varepsilon}_V \mathrm{d}V - \int_{S_F} F_i \delta u_i \mathrm{d}S = 0 \tag{4-5}$$

式中，K 为体积补偿常数；$\dot{\varepsilon}_V$ 为等效体积应变速率。

FSW 产热量是由焊件塑性变形产热和搅拌头与焊件摩擦产热决定的，焊件内部热流密度为

$$Q_{\text{int}} = \eta\sigma'_{ij}\dot{\varepsilon}_{ij} \tag{4-6}$$

式中，η 为热效率系数，这里取 0.9[3]。

剩余的一部分塑性变形能与引起位错密度变化、亚晶界生成和迁移以及相变和演化有关。

FSW 过程中热的产生与传递遵循能量平衡原则，方程的变分形式如下：

$$\int_V \lambda T_{,i} \delta T \mathrm{d}V + \int_V \rho c \dot{T} \delta T \mathrm{d}V - \int_V \eta \sigma'_{ij} \dot{\varepsilon}_{ij} \delta T \mathrm{d}V - \int_{S_F} q_n \delta T \mathrm{d}S \tag{4-7}$$

式中，$T_{,i}$ 为传入微元体的热流量；$\rho c \dot{T}$ 为内能变化率；q_n 为通过边界面 S_F 的热流量，包括对流散热、辐射散热以及搅拌头与焊件的摩擦产热。

通过求解式(4-7)所示的能量平衡方程结合初始条件与边界条件可获得 FSW 过程中焊件的温度分布。

4.1.3　温度场仿真模型的建立与实现

1. 几何模型

焊件材料为 2219 铝合金，尺寸为 100mm×150mm×18mm。搅拌头的轴肩直径为 32mm，轴肩凹角为 4°，搅拌针顶端直径为 15mm，底端直径为 7mm，搅拌针长度为 17.8mm。使用 SolidWorks 建立焊件与搅拌头模型，导入 DEFORM 中进行装配。所建立的搅拌头几何模型如图 4-1(a)所示，装配完成后的三维模型如图 4-1(b)所示。

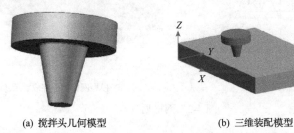

(a) 搅拌头几何模型　　　　　　　(b) 三维装配模型

图 4-1　几何模型

2. 网格划分

网格尺寸是影响仿真模型预测精度的重要因素之一，在理想情况下网格尺寸越小，仿真精度越高，但会导致网格数量过多，仿真耗时过长。因此，对焊件与搅拌头接触区域进行网格细化处理，其他区域使用较大尺寸的网格，在保证仿真精度的同时缩短仿真时间。在焊接进给阶段，搅拌头以设定的焊接速度向 Y 轴正方向进给，网格细化窗口也需要以相同速度向 Y 轴正方向移动。在网格设置界面的速度选项中选择跟随搅拌头，或者直接定义与焊接速度相同的速度均可实现网格细化窗口的跟随。

网格划分方法分为相对网格划分与绝对网格划分。相对网格划分方法的控制参数为网格总数与尺寸比(最大网格尺寸与最小网格尺寸的比),由于此方法考虑到网格总数,很难将网格细化窗口内的网格尺寸控制在理想范围。而采用绝对网格划分方法时,唯一的控制参数是尺寸比,不需要设置网格总数,所以绝对网格划分方法能够将网格细化窗口内的网格尺寸控制在理想范围内。

焊件网格细化窗口位置的选取需要保证仿真过程中搅拌针、轴肩与焊件接触区域网格都进行细化,网格细化窗口示意图如图 4-2(a)所示。网格细化窗口 1 的半径设置为 19mm,网格细化窗口 2 的半径设置为 10mm,两个网格细化窗口中心轴线均与 Z 轴重合。网格划分方法采用绝对网格划分方法,尺寸比设为 4,避免网格细化窗口外网格尺寸过大影响仿真精度,网格细化窗口内的网格尺寸设为 1mm。使用四面体单元对焊件与搅拌头进行网格划分,划分完成后焊件共计 9300 个节点、41836 个单元,搅拌头共计 7986 个节点、36212 个单元。模型网格划分完成后示意图如图 4-2(b)所示。

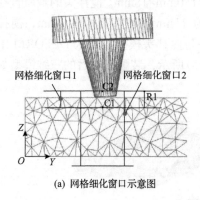 

(a) 网格细化窗口示意图　　　　　　　(b) 模型网格划分完成后示意图

图 4-2　网格划分

3. 材料参数

焊件材料为 2219 铝合金,其化学成分见表 3-2,随温度变化的 2219 铝合金材料参数见图 3-9。

FSW 过程中焊件的塑性变形很大,弹性变形很小,所以将材料定义为不可压缩的刚黏塑性材料[4,5]。FSW 过程是大应变、高应变速率的高温变形过程。因此要建立较高精度的 FSW 温度场仿真模型,必须定义准确的材料本构方程。2219 铝合金的 J-C 本构模型参见式(3-51),式中相关参数见表 3-3。

搅拌头材料为 H13 工具钢,材料本构方程使用 DEFORM 软件材料库中的数据，随温度变化的搅拌头材料参数如表 4-1 所示。

表 4-1　随温度变化的搅拌头材料参数

温度/℃	热传导系数/(N/(s·℃))	比热容/(N/(mm²·℃))	密度/(t/mm³)	热膨胀系数/(1/℃)	杨氏模量/MPa
20	25.0	3.6	7.81×10⁻⁹	1.10×10⁻⁵	2.15×10⁵
499	27.7	4.2	7.64×10⁻⁹	1.15×10⁻⁵	1.76×10⁵
593	30.4	4.5	7.64×10⁻⁹	1.24×10⁻⁵	1.65×10⁵

4. 边界条件

边界条件分为机械边界条件与热边界条件。机械边界条件主要限制焊件自由度，保证焊件在仿真过程中不产生位移。热边界条件主要设置搅拌头、焊件与空气之间的传热方式与传热系数。

机械边界条件设置中需要对焊件进行位移约束，即限制焊件底面、Z 方向的移动自由度，限制焊件侧面 X 与 Y 方向的移动自由度。如图 4-3 所示，在不同平面上定义不同方向的位移约束。

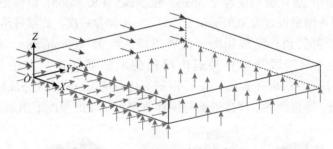

图 4-3　机械边界条件示意图

搅拌头、焊件与空气之间的传热方式为对流换热和热辐射，2219 铝合金厚板 FSW 过程中热边界条件的参数设置如表 4-2 所示[6]。

表 4-2　热边界条件参数设置[6]

变量	数值
焊件除底面外表面、搅拌头表面与空气的对流换热系数/(N/(mm·s·℃))	0.02
焊件底面与垫板的传热系数/(N/(mm·s·℃))	5
搅拌头、焊件以及环境初始温度/℃	15

5. 摩擦模型

摩擦模型会显著影响摩擦产热量，其准确性直接决定能否获得与实际 FSW 过程相符的温度分布。随着焊接过程的进行，焊件与搅拌头接触区域温度升高，强度较低的焊件材料表面被部分剪切，在摩擦作用下，部分焊件材料会黏着在搅拌头表面。为了准确描述焊接过程中搅拌头与焊件之间的接触状态，采用剪切摩擦模型[7]：

$$f = \mu\tau \tag{4-8}$$

式中，μ 为摩擦系数；τ 为材料的剪切屈服应力；f 为接触面上的摩擦切应力。

搅拌头与焊件的摩擦产热是 FSW 过程中热量的主要来源，其中轴肩处的摩擦产热量大约占总产热量的 80%，搅拌头与焊件的摩擦系数对产热量具有十分显著的影响，摩擦系数受温度、相对运动、接触面形状等因素的影响，而温度对摩擦系数的影响最为显著。因此，使用随温度变化的剪切摩擦模型描述搅拌头与焊件间的接触状态，参见表 3-1。

6. FSW 温度场仿真实现

搅拌头下压及停留预热阶段，设置搅拌头倾角为 2.5°，搅拌头转速为 400r/min，下压速度为 20mm/min，下压量为 0.2mm，停留预热时间为 5s。下压与停留预热阶段的求解器和迭代方法分别设置为 Sparse 和 Newton-Raphson，以保证大变形下求解收敛。分析步增量设置为 0.01mm/步，每 25 步储存一次。焊接进给阶段搅拌头转速与下压及停留预热阶段相同，设置焊接速度为 100mm/min，停止条件为 40mm。焊接进给阶段与搅拌头退出阶段的求解器和迭代方法分别设置为 Conjugate gradient 和 Newton-Raphson，以提高仿真速度。前处理完成后提交运算，仿真获得下压、停留预热、焊接进给与搅拌头退出阶段的温度云图如图 4-4 所示。

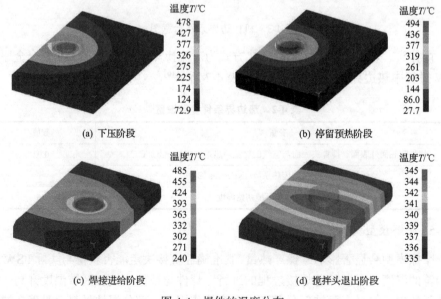

(a) 下压阶段   (b) 停留预热阶段

(c) 焊接进给阶段   (d) 搅拌头退出阶段

图 4-4 焊件的温度分布

4.1.4　温度场仿真模型的验证

为验证所建立 2219 铝合金厚板 FSW 温度场仿真模型的有效性,进行 FSW 测温实验。实验是在武汉重型机床集团有限公司的大型龙门式 FSW 设备上开展的,参见图 2-16。使用基于 K 型热电偶的 FSW 温度场检测和分析系统采集焊接过程中的特征点热循环曲线与峰值温度数据,通过与温度场仿真模型输出的特征点热循环曲线及峰值温度数据对比,验证所建立温度场仿真模型的有效性。

按表 4-3 中所示的焊接工艺参数进行 FSW 测温实验,以验证所建立的温度场仿真模型的有效性。

表 4-3　仿真验证中的焊接工艺参数

序号	搅拌头转速 n /(r/min)	下压速度 v_p /(mm/min)	搅拌头倾角 α /(°)	下压量 d_p /mm	焊接速度 v /(mm/min)
1	350	20	2.5	0.2	100
2	400	20	2.5	0.2	100
3	450	20	2.5	0.2	100

使用点追踪方法提取温度场仿真模型特征点温度数据,与实验获得的测温结果进行对比,特征点布置示意图如图 4-5 所示。

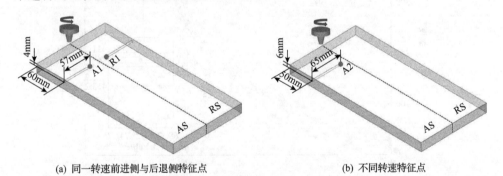

(a) 同一转速前进侧与后退侧特征点　　　　　　　(b) 不同转速特征点

图 4-5　热电偶特征点布置示意图

当搅拌头转速为 400r/min 时,图 4-5(a) 所示特征点 A1、R1 的仿真与实验热循环曲线的对比如图 4-6 所示。图 4-5(b) 所示特征点 A2 在三组不同搅拌头转速下仿真与实验热循环曲线的对比如图 4-7 所示。

由图 4-6 可得,温度场仿真模型输出的前进侧与后退侧特征点峰值温度分别为 464.1℃与 434.5℃,实验中特征点前进侧与后退侧峰值温度分别为 458.3℃与 429.9℃。前进侧与后退侧特征点峰值温度相对误差分别为 1.27%与 1.07%。由图 4-7 可得仿真与实验特征点均经历了升温-峰值-冷却的过程,并且仿真获得的特征点

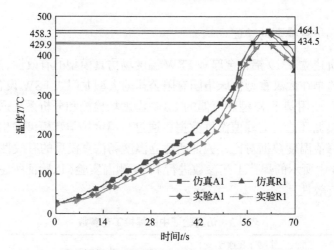

图 4-6　前进侧与后退侧特征点的仿真和实验温度曲线对比

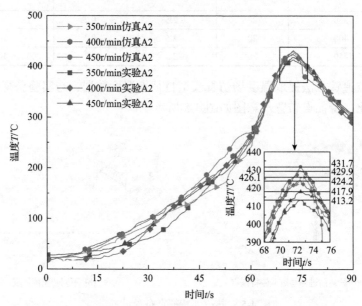

图 4-7　不同转速下前进侧特征点的仿真和实验温度曲线对比

峰值温度均高于实验。仿真模型不同转速特征点峰值温度分别为 426.1℃、429.9℃ 与 431.7℃，实验不同转速特征点峰值温度分别为 413.2℃、424.2℃ 与 417.9℃。 不同转速特征点仿真与实验峰值温度相对误差分别为 3.12%、1.34% 与 3.30%。由 图 4-6 和图 4-7 可得，实验与仿真特征点温度变化规律基本一致，峰值温度相对 误差较小，验证了仿真模型温度预测的有效性。仿真峰值温度略高于实验。分析 其原因，可能是由于在实际焊接过程中，垫板散热较大，而在仿真中是将垫板简 化为焊件底面与流体的对流换热导致的。

4.2　2219 铝合金厚板 FSW 核心区极值温度表征

FSW 焊缝材料流动剧烈，FSW 核心温度过高或过低直接影响焊缝形貌与接头的力学性能。FSW 过程中，搅拌头的机械作用、轴肩遮挡、材料流动与剧烈塑性变形，导致难以在不破坏焊件的情况下实现 FSW 核心区温度的实时获取。为了维持正常焊接并保证焊后接头的力学性能以获得质量优良的焊后接头组织，需要将 FSW 核心区温度控制在一定范围内。

采用热电偶嵌入搅拌头的测温方法能够直接获得搅拌头与 FSW 核心区接触面的温度信息，但会降低搅拌头的强度，影响搅拌头使用寿命。采用红外热像仪能够测得焊件表面温度分布和变化规律，但无法获得 FSW 核心区的温度信息。通过温度场仿真获得焊件表面温度与核心区温度信息，建立焊件表面温度与核心区温度的关联关系是实现 FSW 核心区温度在位表征的可行方法。支持向量回归以结构风险最小化为优化目标，避免了过拟合问题，其最终决策函数由支持向量决定，具有优秀的泛化能力。本节基于支持向量回归研究焊件表面与核心区温度的关联关系，以实现 FSW 核心区温度表征。

4.2.1　支持向量回归迭代法

SVM 算法是在统计学习理论的基础上发展起来的一种机器学习方法，常用于处理分类、回归和其他学习任务，它通过引入结构风险最小化原则解决线性二分类问题。Vapnik 等[8-10]引入核空间理论，通过非线性变换将原空间的非线性问题转化为高维空间的线性问题，在变换后的空间中求最优分类面，解决了原空间线性不可分的问题。SVM 可分为支持向量分类(support vector classification, SVC)与支持向量回归(support vector regression, SVR)两种。SVR 算法是将 SVM 应用于解决回归问题，其基本思想是通过一个非线性映射 $\varphi(x)$，将样本数据映射到高维特征空间并进行线性拟合。通过建立焊件表面特征点温度与核心区峰值温度及最低温度的关联关系实现核心区温度预测，属于回归问题。

回归问题可以描述为：假设训练样本集合 $\left\{(x_i, y_i)\right\}_{i=1}^{N}$，$x_i \in \mathbf{R}^n$ 代表训练样本的输入，$y_i \in \mathbf{R}$ 代表训练样本的输出，自变量 x_i 和因变量 y_i 之间存在一定的未知关系，即遵循某一未知的联合概率 $F(x, y)$，寻找拟合函数 f 使期望风险 $R(w) = \int L(y, f(x, w))\mathrm{d}F(x, y)$ 最小。拟合函数可表示为

$$f(x, w) = w \cdot \varphi(x) + b \tag{4-9}$$

式中，$\{f(x, w)\}$ 为训练函数集；$w \in \Omega$ 为函数的广义参数；b 为偏置项；$L(y, f(x, w))$

为损失函数。

上述回归问题的有效信息只有训练样本集合 $\{(x_i, y_i)\}_{i=1}^{N}$ ，导致期望风险 $R(w)$ 无法计算。统计学习理论提出将函数集构造为函数子集序列，使各子集按照 VC 维的大小排列。设计函数集的结构使每个子集都能取得最小经验风险，然后选择合适的子集使置信范围最小，这个子集中使经验风险最小的函数就是最优函数，称为结构风险最小化(structural risk minimization, SRM)准则，如图 4-8 所示。

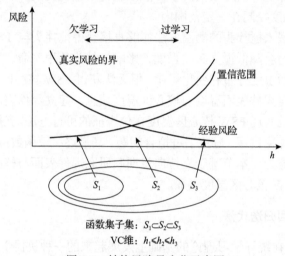

图 4-8　结构风险最小化示意图

对于函数集中的所有函数，经验风险 $R_{\mathrm{emp}}(w)$ 和期望风险 $R(w)$ 之间以至少 $1-\eta$ 的概率满足

$$R(w) \leqslant R_{\mathrm{emp}}(w) + \sqrt{\frac{h(\ln(2N/h)+1)-\ln(\eta/4)}{N}} \tag{4-10}$$

式中， $R_{\mathrm{emp}}(w) = \dfrac{1}{N}\sum_{i=1}^{N} L(y_i, f(x_i, w))$ 为经验风险； N 为样本数； h 为函数集的 VC 维。

如果只取经验风险作为期望风险，样本数有限时容易发生过拟合，无法保证所建立的模型能对新样本给出满足预期精度的预测结果，从而使模型推广性降低。式(4-10)表明期望风险由经验风险和置信范围组成，预测过程中不但要使经验风险最小，还要使 VC 维尽量小以缩小置信范围，从而取得较小的期望风险，提高模型的推广性。

在 SVR 中引入 ε -不敏感损失函数确保对偶变量的稀疏性、全局最优解的存

在与可靠泛化界的优化。ε-不敏感损失函数定义为

$$L(y, f(x, w)) = |y - f(x, w)|_\varepsilon = \begin{cases} 0, & |y - f(x, w)| \leqslant \varepsilon \\ |y - f(x, w)| - \varepsilon, & \text{其他} \end{cases} \quad (4\text{-}11)$$

式中，ε 的大小反映了函数拟合的精度。

该损失函数表明如果预测值与实际值之间的误差小于等于 ε，则将函数拟合的损失看成 0，这种误差小于等于 ε 的范围称为 ε-不敏感带；如果预测值与实际值之间的误差大于 ε，则函数拟合的损失为 $|y - f(x, w)| - \varepsilon$。$\varepsilon$-不敏感损失函数示意图如图 4-9 所示。

上述回归问题可转化为

$$\min_{w, b} \left\{ \frac{1}{2} \|w\|^2 + C \sum_{i=1}^{N} \left(L(y_i, f(x_i, w)) \right) \right\} \quad (4\text{-}12)$$

式中，$C > 0$ 为正则化参数（惩罚系数），决定了模型对误差大于 ε-不敏感带样本的惩罚程度。

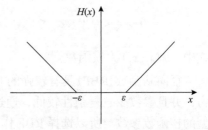

图 4-9　ε-不敏感损失函数示意图

在 SVR 中引入松弛因子 ξ_i、ξ_i^* 用于改善泛化性能，解决过拟合问题。上述回归问题可表示为如下约束优化问题：

$$\min_{w, b, \xi_i, \xi_i^*} \left\{ \frac{1}{2} \|w\|^2 + C \sum_{i=1}^{N} \left(\xi_i + \xi_i^* \right) \right\}$$
$$\text{s.t.} \quad y_i - (w \cdot \varphi(x_i) + b) \leqslant \varepsilon + \xi_i^* \quad (4\text{-}13)$$
$$w \cdot \varphi(x_i) + b - y_i \leqslant \varepsilon + \xi_i$$
$$\xi_i, \xi_i^* \geqslant 0, \quad i = 1, 2, \cdots, N$$

其中，ε 用于控制 ε-不敏感带的大小，影响支持向量的个数和保持解的稀疏性；ξ_i 和 ξ_i^*（$i = 1, 2, \cdots, N$）为松弛因子，影响模型的泛化能力。

为解决上述约束优化问题，构造拉格朗日函数：

$$L\left(w, b, \xi_i, \xi_i^*; \alpha, \alpha^*, \gamma, \gamma^*\right) = \frac{1}{2} \|w\|^2 + C \sum_{i=1}^{N} \left(\xi_i + \xi_i^* \right) - \sum_{i=1}^{N} \gamma_i \xi_i - \sum_{i=1}^{N} \gamma_i^* \xi_i^*$$
$$- \sum_{i=1}^{N} \alpha_i \left(\varepsilon + y_i - (w \cdot \varphi(x_i) + b) \right) \quad (4\text{-}14)$$
$$- \sum_{i=1}^{N} \alpha_i^* \left(\varepsilon - y_i + (w \cdot \varphi(x_i) + b) \right)$$

式中，$\alpha_i, \alpha_i^*, \gamma_i, \gamma_i^* \geqslant 0, i=1,2,\cdots,N$。

根据拉格朗日优化方法可以将式(4-13)所示的约束优化问题转化为对偶问题，如下所示：

$$\min_{\alpha,\alpha^*} \frac{1}{2}\sum_{i,j=1}^{N}\left(\alpha_i-\alpha_i^*\right)\left(\alpha_j-\alpha_j^*\right)k\left(x_i,x_j\right)+\varepsilon\sum_{i=1}^{N}\left(\alpha_i+\alpha_i^*\right)-\sum_{i=1}^{N}y_i\left(\alpha_i-\alpha_i^*\right)$$

$$\text{s.t.}\quad \sum_{i=1}^{N}\left(\alpha_i-\alpha_i^*\right)=0 \tag{4-15}$$

$$0\leqslant\alpha_i\leqslant C, 0\leqslant\alpha_i^*\leqslant C,\quad i=1,2,\cdots,N$$

式中，$k(x_i,x_j)$为核函数。

径向基函数(RBF)具有较强的非线性映射能力，能够提高预测模型的泛化能力，并且参数少、复杂性较低，通过参数优化方法能够获得适合于本关联关系模型的核函数参数。所以选择RBF作为SVR模型的核函数，函数公式如下：

$$k(x_i,x_j)=\mathrm{e}^{-\gamma\|x_i-x_j\|^2} \tag{4-16}$$

式中，$\gamma>0$是可调的核函数参数。

由式(4-15)可得，SVR的拉格朗日乘子存在上界约束，避免了发生过拟合。该公式是一个二次优化问题，有唯一最优解$\bar{\alpha}$、$\bar{\alpha}^*$。

此时，支持向量回归的解为

$$f(x)=\sum_{x_i\in\mathrm{SV}}(\bar{\alpha}_i-\bar{\alpha}_i^*)k(x_i,x_j)+\bar{b}$$

$$\bar{b}=y_i+\varepsilon-\sum_{x_i\in\mathrm{SV}}(\bar{\alpha}_i-\bar{\alpha}_i^*)k(x_i,x_j) \tag{4-17}$$

4.2.2　基于SVR的表面特征点温度与核心极值温度关联关系模型

1. 表面特征点温度与核心区峰值和最低温度数据的获取

进行不同搅拌头转速与焊接速度的FSW温度场仿真，通过DEFORM后处理模块提取焊件表面特征点温度与核心区峰值和最低温度数据，获得不同焊接工艺参数的温度场数据集。工程实际中，2219铝合金厚板FSW通常采用的工艺参数组合为：搅拌头转速为400r/min，焊接速度为100mm/min。因此，围绕工程实际中的工艺参数，确定温度数据获取仿真工艺参数如表4-4所示。

表 4-4　由温度数据获取仿真工艺参数

序号	因素					
	搅拌头转速 n /(r/min)	焊接速度 v /(mm/min)	下压速度 v_p /(mm/min)	搅拌头倾角 α /(°)	下压量 d_p /mm	停留预热时间 t_d /s
1	300	50	20	2.5	0.2	5
2	300	100	20	2.5	0.2	5
3	300	150	20	2.5	0.2	5
4	400	50	20	2.5	0.2	5
5	400	100	20	2.5	0.2	5
6	400	150	20	2.5	0.2	5
7	500	50	20	2.5	0.2	5
8	500	100	20	2.5	0.2	5
9	500	150	20	2.5	0.2	5

研究发现，即使焊接工艺参数不变，仿真中焊件的温度也是实时变化的，所以为建立焊件表面温度与核心区温度的关联关系，在焊接进给阶段每进给 5mm 提取一组温度数据，每组仿真模型提取 8 组对应时刻的温度。九组仿真模型共提取72 组表面温度与核心区温度数据。表面特征点位于搅拌头正前方 5mm 处，沿焊缝对称，温度提取区域尺寸为 5mm×10mm，如图 4-10 所示。

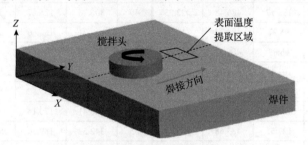

图 4-10　焊件表面特征点温度提取区域

在 DEFORM 后处理中提取矩形框内的峰值温度与最低温度数据作为表面温度数据，共获得 72 组表面特征点温度与核心区温度数据，如表 4-5 所示。

2. SVR 算法参数的影响与选择

SVR 算法的推广性与泛化能力取决于算法参数，其中惩罚系数 C 与 RBF 中的核函数参数 γ 对模型的预测性能有较大影响。惩罚系数 C 越大，说明模型对误差大于 ε-不敏感带样本的惩罚程度越大，模型越不能容忍出现误差，导致容易产生过拟合现象。C 越小，越容易欠拟合。C 过大或过小都会导致模型的泛化能力

表 4-5 焊件的表面特征点温度与核心区温度

序号	表面温度		核心区温度		序号	表面温度		核心区温度	
	峰值温度/℃	最低温度/℃	峰值温度/℃	最低温度/℃		峰值温度/℃	最低温度/℃	峰值温度/℃	最低温度/℃
1	289.93	118.54	501.32	409.01	34	296.70	121.09	503.42	430.27
2	295.78	126.31	501.87	411.11	35	299.44	126.62	503.58	429.80
3	301.13	132.32	502.18	400.02	36	302.29	132.04	503.32	431.91
4	302.79	137.27	503.43	415.63	37	307.51	142.39	504.69	431.36
5	308.00	145.96	502.66	418.00	38	314.78	156.01	507.81	434.07
6	314.61	160.81	503.50	416.01	39	323.30	175.66	508.70	435.41
7	318.33	179.55	506.10	421.25	40	335.85	204.24	509.25	434.14
8	333.88	207.42	505.50	422.78	41	290.74	108.42	500.82	423.87
9	277.91	109.54	494.36	381.87	42	293.16	112.64	501.24	427.87
10	288.50	116.76	494.68	396.80	43	295.83	118.91	502.86	426.84
11	286.11	119.99	494.26	389.28	44	298.82	126.43	502.19	427.85
12	293.40	119.51	494.43	370.05	45	302.38	135.64	500.48	430.29
13	295.65	127.81	495.94	353.53	46	309.24	149.82	502.82	431.11
14	305.87	136.65	495.76	344.16	47	317.69	175.57	502.23	431.53
15	300.91	158.53	488.18	342.71	48	332.42	203.67	503.10	430.67
16	317.10	188.17	486.48	322.23	49	306.76	125.27	513.65	437.59
17	269.85	91.97	484.24	310.54	50	312.21	132.86	517.65	440.02
18	280.17	96.82	486.59	309.46	51	316.04	139.55	522.76	443.39
19	274.11	102.15	481.80	290.47	52	322.60	147.99	521.04	440.48
20	280.08	110.13	485.13	284.29	53	323.22	155.82	524.74	443.69
21	285.31	115.93	484.61	296.10	54	330.41	170.14	524.70	443.87
22	296.69	127.55	483.68	285.19	55	342.52	189.30	524.49	446.44
23	293.55	145.48	483.49	279.50	56	364.24	224.81	524.96	448.49
24	306.64	177.30	476.35	280.28	57	298.46	117.35	507.11	437.56
25	298.64	124.45	510.50	427.89	58	302.34	124.25	509.70	437.60
26	301.93	129.65	513.47	433.09	59	304.09	126.70	509.84	437.90
27	310.50	135.68	514.95	433.25	60	304.45	132.83	511.31	437.22
28	311.58	142.15	514.05	436.21	61	310.36	144.02	511.84	438.93
29	321.14	152.60	520.42	437.88	62	316.13	156.21	513.45	441.19
30	318.68	164.51	521.89	437.47	63	328.46	177.41	510.75	442.04
31	328.70	185.26	521.41	437.10	64	337.56	206.36	512.08	444.31
32	337.58	213.56	520.49	438.97	65	291.36	106.02	503.13	429.51
33	294.02	115.89	503.91	427.99	66	296.56	114.67	504.94	435.49

续表

序号	表面温度		核心区温度		序号	表面温度		核心区温度	
	峰值温度/℃	最低温度/℃	峰值温度/℃	最低温度/℃		峰值温度/℃	最低温度/℃	峰值温度/℃	最低温度/℃
67	300.90	120.80	505.40	436.25	70	315.44	151.58	506.45	437.14
68	302.75	127.37	505.93	436.85	71	321.96	176.15	507.89	439.36
69	308.10	137.39	506.47	437.50	72	332.55	205.47	505.83	439.31

变差。γ 是 SVR 模型中 RBF 中的参数，该参数决定了将数据映射到高维特征空间后数据的复杂程度，γ 值越大，支持向量越少，反之支持向量就越多。支持向量的个数直接影响模型训练和预测的精度与速度。建立 SVR 模型之前，需要基于训练样本数据进行参数寻优以确定核函数参数 γ 与惩罚系数 C 的值。

RBF 中 γ 和 σ 的关系如下：

$$k(x_i, x_j) = \mathrm{e}^{-\gamma \|x_i - x_j\|^2} = \mathrm{e}^{\frac{-\|x_i - x_j\|^2}{2\sigma^2}} \Rightarrow \gamma = \frac{1}{2\sigma^2} \tag{4-18}$$

γ 越大，σ 越小，有效支持向量个数变少，SVR 模型对未知样本数据预测效果变差，导致发生训练集预测精度高，而测试集预测精度低的现象。如果 γ 过小，则 SVR 模型在训练时无法获得较高的预测精度，导致测试集的预测精度变低。

采取网格搜索的方法确定惩罚系数 C 与核函数参数 γ 的最优值。即设定取值范围，使 C 和 γ 在一定的范围内取值，对于选定的 C 和 γ，将训练样本数据作为原始数据集利用交叉验证的方法得到此组 C 和 γ 参数下 SVR 模型的训练集预测精度；利用网格搜索算法穷举设定范围内的各种参数组合，根据均方误差最小原则取使预测精度最高的模型对应的 C 与 γ 值作为最优参数。

均方误差最小原则中的计算公式如下所示：

$$\mathrm{MSE} = \frac{1}{N} \sum_{i=1}^{N} (y_i - \hat{y}_i)^2 \tag{4-19}$$

式中，N 为样本个数；y_i 为真实值；$\hat{y}_i$ 为预测值。

C 过大会导致过拟合，即模型的泛化能力降低，所以在所有能够满足最高预测精度的 C 和 γ 组合中，选择较小的 C 作为最优参数。如果对应最小的 C 有多组 γ，选取搜索到的第一组 C 和 γ 作为最优参数。

具体参数寻优方法为：设定初始惩罚系数 C 的最优值 C_{best} 为 0，核函数参数 γ 的最优值 γ_{best} 为 0，均方误差 MSE 为下确界 Inf，在循环中嵌入判断语句，将每次循环计算得到的 C 和 γ 对应的 MSE 与初始值 MSE 进行比较，若小于 Inf，则

将 C、γ 的值赋给 C_{best}、γ_{best}，并更新 MSE 值，最终获得最小 MSE 值对应的 C 与 γ。

3. SVR 的学习过程

利用 MATLAB 软件，将 LibSVM 工具箱[11,12]添加至 MATLAB 的 toolbox 文件夹，编程实现 FSW 核心区温度预测。SVR 的预测流程图如图 4-11 所示。计算过程如下。

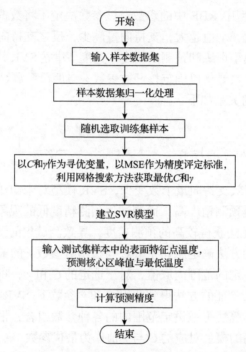

图 4-11　基于 SVR 的核心区峰值温度和最低温度预测流程图

(1)输入样本数据集：将表 4-5 中的焊件表面特征点温度与核心区温度数据保存为 Excel 文档，导入 MATLAB，保存为 double 类型的数据。

(2)样本数据集归一化：为统一数据量纲，对温度数据进行归一化处理，将所有数据转换到 [0, 1] 范围内，公式如下：

$$X_{\text{norm}}^{ij} = \frac{X^{ij} - X_{\min}^{j}}{X_{\max}^{j} - X_{\min}^{j}} \tag{4-20}$$

式中，X_{norm}^{ij} 是归一化后的数据；X^{ij} 是第 j 列中的第 i 个原始温度数据；$X_{\max}^{j}$ 与 $X_{\min}^{j}$ 分别是第 j 列温度数据的最大值与最小值。

(3)数据集随机划分：随机选取 MATLAB 数据集中的 56 组温度数据作为训练集样本数据，其余 16 组温度数据作为测试集样本数据用于测试 SVR 模型的预测性能。

(4)模型参数的选择：将训练集样本数据作为输入数据，使用网格搜索方法确定模型的惩罚系数 C 与 RBF 的核函数参数 γ。

(5)建立 SVR 预测模型：输入惩罚系数 C、核函数参数 γ 与训练集样本数据，分别建立核心区峰值温度预测模型与核心区最低温度预测模型。

(6)测试 SVR 模型预测精度：输入测试集中的表面特征点峰值温度与最低温度数据，预测输出核心区峰值温度与最低温度值，将预测值与真实值进行对比计算 SVR 模型的预测精度。

4.2.3 核心区温度预测结果分析

网格搜索算法需要设置部分初始参数，根据实际测试情况，核心区峰值温度预测模型中惩罚系数 C 的变化范围设置为 $[2^{-10}, 2^{10}]$，核函数参数 γ 的变化范围设置为 $[2^{-10}, 2^{10}]$，交叉验证的参数设置为 8，惩罚系数 C 与核函数参数 γ 的参数寻优步进大小设置为 0.1，不敏感损失函数中的 γ 值设置为 0.001；核心区最低温度预测模型中惩罚系数 C 的变化范围设置为 $[2^{-12}, 2^{12}]$，核函数参数 γ 的变化范围设置为 $[2^{-12}, 2^{12}]$，交叉验证的参数设置为 3，惩罚系数 C 与核函数参数 γ 的参数寻优步进大小设置为 0.3，不敏感损失函数中的 ε 值设置为 0.1。核心区峰值与最低温度预测模型的惩罚系数 C 与核函数参数 γ 网格搜索结果如图 4-12 所示。图 4-12(a)中，惩罚系数 C 的最优值为 294.0668，核函数参数 γ 的最优值为 0.010309，均方误差为 0.096342；图 4-12(b)中，惩罚系数 C 的最优值为 274.374，核函数参数 γ 的最优值为 0.81225，均方误差为 0.073461。

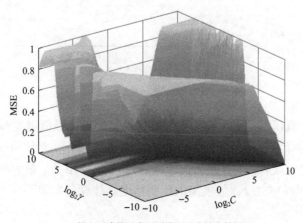

(a) 核心区峰值温度预测模型网格搜索结果

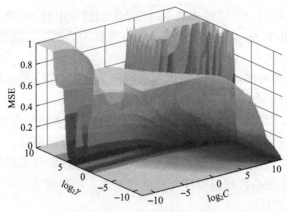

(b) 核心区最低温度预测模型网格搜索结果

图 4-12   惩罚系数 C 与核函数参数 γ 的网格搜索结果

用建立好的 SVR 模型预测测试集样本的核心区峰值与最低温度, 将其与表 4-5 中的核心区峰值与最低温度值进行对比, 对比结果如图 4-13 所示。

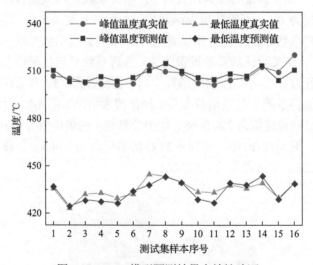

图 4-13   SVR 模型预测结果有效性验证

由温度场仿真模型后处理获得的核心区峰值温度与最低温度和训练好的 SVR 模型预测获得的峰值温度与最低温度对比如图 4-13 所示。对比可知, 温度预测结果与真实值吻合程度较高, 采用平均相对百分比误差(δ_A)、最大相对百分比误差(δ_M)与均方误差(MSE)评估模型的预测精度。计算公式如下:

$$\delta_A = \frac{1}{N} \sum_{i=1}^{N} \left| \frac{y_i - \hat{y}_i}{y_i} \right| \times 100\%$$

$$\delta_M = \max_{i=1}^{N} \left| \frac{y_i - \hat{y}_i}{y_i} \right| \times 100\% \qquad (4\text{-}21)$$

$$\text{MSE} = \frac{1}{N} \sum_{i=1}^{N} (y_i - \hat{y}_i)^2$$

式中，y_i 为核心区峰值温度与最低温度真实值；$\hat{y}_i$ 为核心区峰值温度与最低温度预测值；N 为测试集样本数。

核心区峰值温度与最低温度预测的平均相对百分比误差、最大相对百分比误差与均方误差如表 4-6 所示，证实了通过 SVR 算法实现核心区温度表征的可行性。

表 4-6　FSW 核心区峰值温度与最低温度预测精度

指标量	平均相对百分比误差 δ_A /%	最大相对百分比误差 δ_M /%	均方误差 MSE
峰值温度	0.67	1.95	16.71
最低温度	0.63	1.57	12.84

4.3　本　章　小　结

本章以 2219 铝合金厚板 FSW 温度场建模及 FSW 核心区极值温度表征为研究内容，分别建立了基于 DEFORM 的 2219 铝合金厚板 FSW 温度场仿真模型和基于 SVR 的温度关联关系模型。

(1)基于传热学理论与刚黏塑性理论基础知识，论述了焊件与搅拌头几何模型建立、装配以及网格划分方法，材料参数、边界条件与摩擦模型设置等过程。建立了基于 DEFORM 的 2219 铝合金厚板 FSW 温度场仿真模型，实现了下压、停留预热、焊接进给与搅拌头退出阶段的仿真和焊件温度场的高精度预测。通过 FSW 测温实验得到仿真与实验峰值温度最大相对误差小于 4%，证实了所建立的 2219 铝合金厚板 FSW 温度场仿真模型温度预测的有效性。

(2)通过温度场仿真模型获取不同焊接工艺参数组合下焊件的表面特征点温度与核心区峰值和最低温度数据集，基于网格搜索方法实现了惩罚系数 C 与核函数参数 γ 寻优，基于 SVR 建立了核心区峰值温度与最低温度预测模型，实现了 FSW 核心区温度预测。由温度场仿真模型后处理获得的核心区峰值温度与最低温度和训练好的 SVR 模型预测获得的峰值温度与最低温度对比，得到 FSW 核心区的峰值温度和最低温度预测最大相对百分比误差小于 2%，表明所建立的基于 SVR 的 FSW 核心区温度表征模型具有较高的预测精度，实现了 18mm 厚的 2219 铝合金厚板 FSW 核心区温度表征。

参 考 文 献

[1] 杨世铭. 传热学基础[M]. 北京: 高等教育出版社, 2004.

[2] Kobayashi S, Oh S I, Altan T. Metal Forming and the Finite-Element Method[M]. New York: Oxford University Press, 1989.

[3] Rollett A, Humphreys F J, Rohrer G S, et al. Recrystallization and Related Annealing Phenomena[M]. 2nd ed. Oxford: Pergamon Press, 2004.

[4] Jain R, Pal S K, Singh S B. A study on the variation of forces and temperature in a friction stir welding process: A finite element approach[J]. Journal of Manufacturing Processes, 2016, 23: 278-286.

[5] Nandan R, DebRoy T, Bhadeshia H K D. Recent advances in friction-stir welding-process, weldment structure and properties[J]. Progress in Materials Science, 2008, 53(6): 980-1023.

[6] Jain R, Pal S K, Singh S B. Investigation on effect of pin shapes on temperature, material flow and forces during friction stir welding: A simulation study[J]. Proceedings of the Institution of Mechanical Engineers, Part B: Journal of Engineering Manufacture, 2019, 233(9): 1980-1992.

[7] Jain R, Pal S K, Singh S B. Finite element simulation of temperature and strain distribution during friction stir welding of AA2024 aluminum alloy[J]. Journal of the Institution of Engineers (India): Series C, 2017, 98(1): 37-43.

[8] Vapnik V. Pattern recognition using generalized portrait method[J]. Automation and Remote Control, 1963, 24: 774-780.

[9] Cortes C, Vapnik V. Support-vector networks[J]. Machine Learning, 1995, 20(3): 273-297.

[10] Vapnik V. The Nature of Statistical Learning Theory[M]. New York: Springer-Verlag, 1999.

[11] Chang C C, Lin C J. LIBSVM: A library for support vector machines[J]. ACM Transactions on Intelligent Systems and Technology, 2011, 2(3): 1-27.

[12] Fan R E, Chen P H, Lin C J. Working set selection using second order information for training support vector machines[J]. Journal of Machine Learning Research, 2005, 6: 1889-1918.

第 5 章 2219 铝合金厚板 FSW 工艺参数优化

焊接工艺参数是影响 FSW 接头连接强度的重要因素。若焊接工艺参数选取不当，则会导致焊件在厚度方向的温差大、温度分布不均，核心区温度过高或过低会导致焊接过程中出现大量飞边、孔洞与未焊透等缺陷。搅拌头下压及停留预热阶段是 FSW 的初始阶段，在此阶段，搅拌头缓慢压入焊件，搅拌头附近焊件材料达到合理焊接温度与塑性流动状态，是形成高质量焊缝接头的基础。搅拌头下压及停留预热阶段的焊接工艺参数众多，如搅拌头转速、下压量、搅拌头倾角与下压速度等，各因素对核心区温度影响的主次顺序及影响规律尚属空白。焊接进给阶段中搅拌头转速与焊接速度是影响 FSW 核心区温度的重要因素，FSW 核心区温度直接影响焊后力学性能[1,2]。

FSW 工艺对于不同的焊接对象有着不同且独立的最佳焊接工艺窗口。选择合适的焊接工艺参数能够有效提高焊接质量。为实现高质量焊接，需要研究焊接工艺参数对 FSW 核心区温度的影响规律，确定搅拌头下压及停留预热阶段与焊接进给阶段较优的焊接工艺参数。因此，本章依托第 4 章建立的基于 DEFORM 的 2219 铝合金厚板 FSW 温度场仿真模型，研究 2219 铝合金厚板 FSW 搅拌头下压及停留预热阶段焊接工艺参数对核心区温度分布的影响规律，并以 FSW 核心区厚向温差最小为优化目标，实现搅拌头下压及停留预热阶段焊接工艺参数的优选；探究搅拌头转速与焊接速度对焊接进给阶段核心区峰值温度与温差的影响规律，实现核心区峰值温度与最低温度曲面拟合，以合理焊接温度范围为约束条件，实现焊接进给阶段的焊接工艺参数优化。

5.1 FSW 搅拌头下压及停留预热阶段焊接工艺参数优化

FSW 过程中，轴肩与焊件摩擦产热远高于搅拌针与焊件摩擦产热。在焊接大厚度合金时，搅拌针与焊件摩擦产生的热量会迅速传递到垫板，沿焊件厚度方向存在热输入不均的现象，导致核心区温差增大。FSW 核心区温差直接影响接头组织，进而影响接头的力学性能，且底部接头的较低强度可能成为限制接头整体抗拉强度的关键因素[3-5]。若焊件底部温度升高，动态再结晶程度增大，晶界角度增大，搅拌针处接头抗拉强度增大，则接头整体抗拉强度增大。有研究发现，当 FSW 核心区温度在焊件固、液相线的 80%范围内时，焊缝表面光滑，接头抗拉强度最高[6,7]。使用差示扫描量热仪(differential scanning calorimetry, DSC)获得所研究的 2219-T8 铝合金的固相线温度为 548℃，液相线温度为 649℃。因此，本节以 FSW 核心区厚向温差最小为优化目标，将 2219 铝合金固相线与液相线温度的 80%作为 FSW 过程中的核心区合理焊接温度范围，实现焊接工艺参数优化，提高焊接质量。

5.1.1　正交设计方案

考虑 FSW 过程中搅拌头下压及停留预热阶段的焊接工艺参数：搅拌头转速、下压量、搅拌头倾角、下压速度与停留预热时间，进行正交实验，研究上述焊接工艺参数对下压及停留预热阶段完成后 FSW 核心区温差的影响规律。2219 铝合金厚板 FSW 温度场仿真采用的因素与水平如表 5-1 所示。

表 5-1　2219 铝合金厚板 FSW 温度场仿真采用的因素与水平

水平	因素				
	搅拌头转速(A) $n/$(r/min)	下压量(B) d_p/mm	搅拌头倾角(C) α /(°)	下压速度(D) v_p /(mm/min)	停留预热时间(E) t_d /s
1	300(A_1)	0.2(B_1)	1(C_1)	20(D_1)	0(E_1)
2	400(A_2)	0.3(B_2)	2.5(C_2)	40(D_2)	2.5(E_2)
3	500(A_3)	0.4(B_3)	4(C_3)	60(D_3)	5(E_3)

各因素自由度之和为因素个数×(水平数–1)=5×(3–1)=10，小于 $L_{18}(3^7)$ 总自由度 18–1=17，选用正交表为 $L_{18}(3^7)$。

5.1.2　仿真结果与方差分析

1. 实验方案与结果

18 组 2219 铝合金厚板 FSW 温度场仿真完成后，利用 DEFORM 软件后处理模块提取每组仿真模型下压及停留预热阶段完成后的核心区峰值温度与最低温度并计算温差，结果如表 5-2 所示。

表 5-2　18 组温度场仿真所用工艺参数及温差结果

序号	搅拌头转速 n (A)	下压量 d_p (B)	搅拌头倾角 α (C)	下压速度 v_p (D)	停留预热时间 t_d (E)	温差 y_i /℃
1	A_1	B_1	C_1	D_1	E_1	187.63
2	A_1	B_2	C_2	D_2	E_2	138.84
3	A_1	B_3	C_3	D_3	E_3	117.34
4	A_2	B_1	C_1	D_2	E_2	116.55
5	A_2	B_2	C_2	D_3	E_3	102.92

续表

序号	搅拌头转速 n (A)	下压量 d_p (B)	搅拌头倾角 α (C)	下压速度 v_p (D)	停留预热时间 t_d (E)	温差 y_i /℃
6	A_2	B_3	C_3	D_1	E_1	151.22
7	A_3	B_1	C_2	D_1	E_3	65.08
8	A_3	B_2	C_3	D_2	E_1	130.89
9	A_3	B_3	C_1	D_3	E_2	98.08
10	A_1	B_1	C_3	D_3	E_2	159.56
11	A_1	B_2	C_1	D_1	E_3	114.74
12	A_1	B_3	C_2	D_2	E_1	221.86
13	A_2	B_1	C_2	D_3	E_1	159.47
14	A_2	B_2	C_3	D_1	E_2	112.03
15	A_2	B_3	C_1	D_2	E_3	95.15
16	A_3	B_1	C_3	D_2	E_3	74.20
17	A_3	B_2	C_1	D_3	E_1	135.17
18	A_3	B_3	C_2	D_1	E_2	85.85

　　每组仿真实验 FSW 核心区峰值温度与最低温度如图 5-1 所示。由图 5-1 可知，18 组温度场仿真下压及停留预热阶段完成后 FSW 核心区峰值温度均未超过合理焊接温度范围上限，只有第 7 组仿真模型的焊接核心区最低温度位于 438.4～519.2℃。由表 5-2 可知，第 7 组仿真的核心区温差最低。

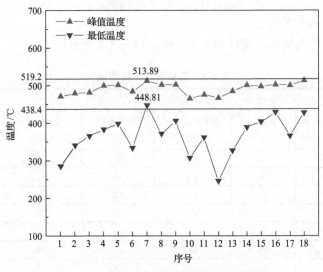

图 5-1　FSW 核心区峰值温度与最低温度

2. 方差分析

1）建立模型与假设

方差分析模型如式（5-1）所示：

$$y_{abcde} = \mu + \alpha_a + \beta_b + \chi_c + \delta_d + \varepsilon_e + \phi_{abcde}$$
$$a = 1, 2, 3;\ b = 1, 2, 3;\ c = 1, 2, 3;\ d = 1, 2, 3;\ e = 1, 2, 3 \tag{5-1}$$

式中，y_{abcde} 表示因素 A、B、C、D、E 分别在第 a、b、c、d、e 水平下的观测值；μ 表示总体的平均水平；α_a、β_b、χ_c、δ_d、ε_e 表示因素 A、B、C、D、E 分别在第 a、b、c、d、e 水平下对应变量的附加效应，并满足 $\sum_{a=1}^{3} \alpha_a = 0$，$\sum_{b=1}^{3} \beta_b = 0$，$\sum_{c=1}^{3} \chi_c = 0$，$\sum_{d=1}^{3} \delta_d = 0$ 和 $\sum_{e=1}^{3} \varepsilon_e = 0$；$\phi_{abcde}$ 为服从正态分布 $N(0, \sigma^2)$ 的随机变量，代表随机误差。

检验因素 A 是否显著其实就是检验 α_a 是否均为 0，如果都为 0，则代表因素 A 所对应的各组总体均值都相等，因素 A 的作用不显著。因素 B、C、D、E 与因素 A 的分析过程类似。因此原假设与备择假设如下：

因素 A　　H_{A0}：$\alpha_1 = \alpha_2 = \alpha_3$；$H_{A1}$：$\alpha_a$ 不全相等；

因素 B　　H_{B0}：$\beta_1 = \beta_2 = \beta_3$；$H_{B1}$：$\beta_b$ 不全相等；

因素 C　　H_{C0}：$\chi_1 = \chi_2 = \chi_3$；H_{C1}：χ_c 不全相等；

因素 D　　H_{D0}：$\delta_1 = \delta_2 = \delta_3$；$H_{D1}$：$\delta_d$ 不全相等；

因素 E　　H_{E0}：$\varepsilon_1 = \varepsilon_2 = \varepsilon_3$；$H_{E1}$：$\varepsilon_e$ 不全相等。

2）构造 F 检验统计量

正交设计仿真结果与统计如表 5-3 所示和表 5-4 所示。

表 5-3　正交设计仿真结果

序号	因素					温差 y_i /℃
	搅拌头转速 n (A)	下压量 d_p (B)	搅拌头倾角 α (C)	下压速度 v_p (D)	停留预热时间 t_d (E)	
1	A_1	B_1	C_1	D_1	E_1	187.63
2	A_1	B_2	C_2	D_2	E_2	138.84
3	A_1	B_3	C_3	D_3	E_3	117.34
4	A_2	B_1	C_1	D_2	E_2	116.55
5	A_2	B_2	C_2	D_3	E_3	102.92
6	A_2	B_3	C_5	D_1	E_1	151.22
7	A_3	B_1	C_2	D_1	E_3	65.08

续表

序号	因素					温差 y_i /℃
	搅拌头转速 n (A)	下压量 d_p (B)	搅拌头倾角 α (C)	下压速度 v_p (D)	停留预热时间 t_d (E)	
8	A_3	B_2	C_3	D_2	E_1	130.89
9	A_3	B_3	C_1	D_3	E_2	98.08
10	A_1	B_1	C_3	D_3	E_2	159.56
11	A_1	B_2	C_1	D_1	E_3	114.74
12	A_1	B_3	C_2	D_2	E_1	221.86
13	A_2	B_1	C_2	D_3	E_1	159.47
14	A_2	B_2	C_3	D_1	E_2	112.03
15	A_2	B_3	C_1	D_2	E_3	95.15
16	A_3	B_1	C_3	D_2	E_3	74.20
17	A_3	B_2	C_1	D_3	E_1	135.17
18	A_3	B_3	C_2	D_1	E_2	85.85
合计	$T = 2266.58$，T 为 18 组仿真指标之和					

表 5-4　正交设计仿真结果统计

统计值	因素				
	搅拌头转速 n (A)	下压量 d_p (B)	搅拌头倾 α (C)	下压速度 v_p (D)	停留时间 t_d (E)
T_1/℃	939.97	762.49	747.32	716.55	986.24
T_2/℃	737.34	734.59	774.02	777.49	710.91
T_3/℃	589.27	769.50	745.24	772.54	569.43
$\bar{x}_1$/℃	156.66	127.08	124.55	119.43	164.37
$\bar{x}_2$/℃	122.89	122.43	129.00	129.58	118.49
x_3/℃	98.21	128.25	124.21	128.76	94.91

注：T_i 为各因素同一水平仿真指标之和，$\bar{x}_i$ 为各因素同一水平仿真指标的平均数。

　　总平方和 SS_T 可分解为六部分：SS_A、SS_B、SS_C、SS_D、SS_E、SS_e，分别反映因素 A、B、C、D、E 的组间差异和随机误差的离散状况，因此进行方差分析时平方和与自由度分解式分别为

$$SS_T = SS_A + SS_B + SS_C + SS_D + SS_E + SS_e \tag{5-2}$$

$$df_T = df_A + df_B + df_C + df_D + df_E + df_e \tag{5-3}$$

总平方和与各因素平方和公式如式 (5-4) 所示：

$$SS_T = \sum_{i=1}^{N}(y_i - \bar{y})^2 = \sum_{i=1}^{N}y_i^2 - \frac{1}{N}\left(\sum_{i=1}^{N}y_i\right)^2$$

$$SS_A = \sum_{i=1}^{a}T_{Ai}^2 / k_a - \frac{1}{N}\left(\sum_{i=1}^{N}y_i\right)^2$$

$$SS_B = \sum_{i=1}^{b}T_{Bi}^2 / k_b - \frac{1}{N}\left(\sum_{i=1}^{N}y_i\right)^2$$

$$SS_C = \sum_{i=1}^{c}T_{Ci}^2 / k_c - \frac{1}{N}\left(\sum_{i=1}^{N}y_i\right)^2 \tag{5-4}$$

$$SS_D = \sum_{i=1}^{d}T_{Di}^2 / k_d - \frac{1}{N}\left(\sum_{i=1}^{N}y_i\right)^2$$

$$SS_E = \sum_{i=1}^{e}T_{Ei}^2 / k_e - \frac{1}{N}\left(\sum_{i=1}^{N}y_i\right)^2$$

式中，N 表示仿真数；a、b、c、d、e 分别表示 A、B、C、D、E 因素的水平数；k_a、k_b、k_c、k_d、k_e 分别表示 A、B、C、D、E 因素的水平重复数。

误差平方和公式如式(5-5)所示：

$$SS_e = SS_T - SS_A - SS_B - SS_C - SS_D - SS_E \tag{5-5}$$

总自由度与各因素自由度公式如式(5-6)所示：

$$\begin{aligned}
df_T &= N - 1 \\
df_A &= a - 1 \\
df_B &= b - 1 \\
df_C &= c - 1 \\
df_D &= d - 1 \\
df_E &= e - 1
\end{aligned} \tag{5-6}$$

误差自由度公式如式(5-7)所示：

$$df_e = df_T - df_A - df_B - df_C - df_D - df_E \tag{5-7}$$

式中，$N = 18$，$a = b = c = d = e = 3$，$k_a = k_b = k_c = k_d = k_e = 6$。

通过式(5-2)～式(5-7)计算出各因素的均方值，从而获得各因素的 F 检验值。方差分析结果如表 5-5 所示。由表 5-5 可知，焊接工艺参数对下压及停留预热阶段完成后 FSW 核心区温差的影响主次顺序为：停留预热时间>搅拌头转速>下压速度>下压量>搅拌头倾角。

表 5-5　方差分析结果

变异来源	SS	df	MS	F	$F_{0.01}(2,7)$
搅拌头转速 $n(A)$	10331.90	2	5165.95	35.77	9.55
下压量 d_p (B)	113.68	2	56.84	0.39	
搅拌头倾角 α (C)	85.86	2	42.93	0.30	
下压速度 v_p (D)	381.84	2	190.92	1.32	
停留预热时间 t_d (E)	14975.21	2	7487.61	51.85	
误差	1010.91	7	144.42		
总变异	26899.40	17			

F 检验临界值取 0.01，根据统计量自由度与临界值查找 F 临界值表得 $F_{0.01}(2,7)$ 的临界值为 9.55。

3）判断与结论

$F_A > F_{0.01}(2,7)$，$F_E > F_{0.01}(2,7)$，故拒绝原假设 H_{A0} 与 H_{E0}，即搅拌头转速与停留预热时间对下压及停留预热阶段完成后 FSW 核心区的温差影响显著。

$F_B < F_{0.01}(2,7)$，$F_C < F_{0.01}(2,7)$，$F_D < F_{0.01}(2,7)$，故不能拒绝原假设 H_{B0}、H_{C0} 与 H_{D0}，即下压量、搅拌头倾角与下压速度对下压及停留预热阶段完成后 FSW 核心区的温差没有显著影响。

F 检验结果表明，搅拌头转速与停留预热时间对下压及停留预热阶段完成后 FSW 核心区的温差影响显著。其中，停留预热时间对温差影响最大，搅拌头转速次之。

5.1.3　搅拌头转速与停留预热时间对温度场的影响

5.1.2 节所述的方差分析结果表明停留预热时间对 FSW 核心区温差影响最大，搅拌头转速次之。搅拌头倾角、下压速度与下压量对下压及停留预热阶段完成后 FSW 核心区温差无显著影响。但由于正交设计仿真时水平选取有限，所以搅拌头转速与停留预热时间对温差的影响研究不全面。本节考虑搅拌头转速与停留预热时间进行双因素 FSW 温度场仿真，研究搅拌头转速与停留预热时间对 FSW 核心区温度的影响规律。

5.1.2 节正交仿真结果显示，第 7 组所得温差最小。所以除停留预热时间与搅拌头转速外，其余焊接工艺参数选取与第 7 组相同的参数，即搅拌头倾角为 2.5°，下压速度为 20mm/min，下压量为 0.2mm。搅拌头转速分别设置为 300r/min、400r/min、500r/min 与 600r/min，停留预热时间分别取 0s、2.5s、5s、7.5s、10s、12.5s 与 15s。不同搅拌头转速与停留预热时间时 FSW 核心区峰值温度如图 5-2 所示。由

图 5-2 可知，停留预热阶段焊件的峰值温度均有上升趋势。搅拌头转速为 600r/min 时，停留预热 2.5s 后峰值温度超过了合理焊接温度范围上限。搅拌头转速不超过 500r/min 时，停留预热 15s 内焊件的峰值温度均低于合理焊接温度范围上限。

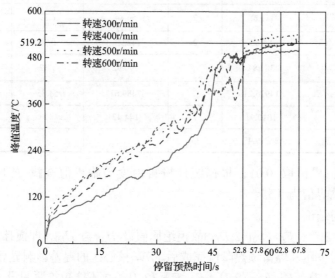

图 5-2　不同搅拌头转速与停留预热时间时 FSW 核心区峰值温度

不同搅拌头转速与停留预热时间时 FSW 核心区峰值温度与最低温度如图 5-3 所示。由图 5-3 可知，停留预热阶段核心区最低温度增长速率大于峰值温度增长速率。当搅拌头转速为 300r/min 与 400r/min 时，FSW 核心区最低温度低于合理焊

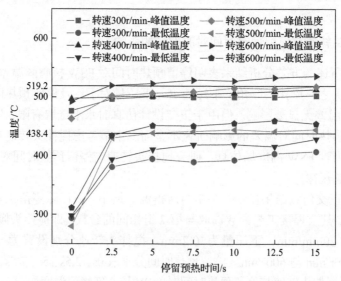

图 5-3　不同搅拌头转速与停留预热时间时 FSW 核心区峰值温度与最低温度

接温度范围下限。当搅拌头转速为 500r/min，停留预热时间为 5～15s 时，FSW 核心区峰值温度与最低温度均处于合理焊接温度范围内。当搅拌头转速为 600r/min 时，停留 2.5s 后 FSW 核心区峰值温度高于合理焊接温度范围上限。

　　不同搅拌头转速与停留预热时间时 FSW 核心区温差如图 5-4 所示。由图 5-4 可知，当搅拌头转速不超过 500r/min 时，搅拌头转速越高，核心区温差越小。当搅拌头转速为 500r/min 与 600r/min、停留预热时间为 5～15s，FSW 核心区温差无明显变化，分析原因为搅拌头转速升高，搅拌头与焊件接触区域温度升高，强度较低的焊件材料被部分剪切。在摩擦作用下，部分焊件材料黏着在搅拌头表面，摩擦系数减小，表现为转速升高到一定程度 FSW 核心区温差无明显变化。停留预热时间为 5s 时 FSW 核心区温差显著减小，停留预热时间为 15s 时 FSW 核心区温差无显著减小趋势，分析原因可能为停留保持不变后搅拌头与焊件的摩擦产热、焊件的塑性变形产热与散热基本达到稳定状态。

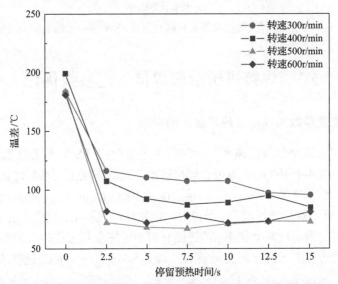

图 5-4　不同搅拌头转速与停留预热时间时 FSW 核心区温差

　　不同搅拌头转速与停留预热时间时 FSW 核心区温差减小速率如图 5-5 所示。由图 5-5 可知，当搅拌头转速不超过 500r/min 时，搅拌头转速越高，停留初始阶段温差减小速率越大。停留预热 5s 后，搅拌头转速与停留预热时间对 FSW 核心区温差减小速率无显著影响。分析原因为停留预热阶段开始时，搅拌头转速越高，焊件材料的流动速度越快，轴肩产热沿焊件厚度方向传热越快，致使核心区温差缩小越快，在 5s 后产热与散热基本达到平衡状态，故核心区温差无明显变化趋势。

　　由以上分析可得，搅拌头转速 500r/min、停留预热时间 5s、搅拌头倾角 2.5°、下压速度 20mm/min、下压量 0.2mm 为下压及停留预热阶段较优的焊接工艺参数组合。

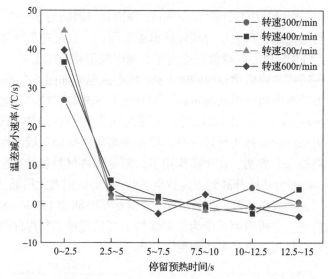

图 5-5　不同搅拌头转速与停留预热时间时 FSW 核心区温差减小速率

5.2　焊接进给阶段焊接工艺参数优化

5.2.1　焊接工艺参数对核心区峰值温度的影响

由于搅拌头转速与焊接速度是影响焊接进给阶段 FSW 核心区温度的重要因素，故采用与表 4-4 相同的方案进行焊接进给阶段的焊接工艺参数优化研究。仿真发现，当搅拌头转速为 300r/min、焊接速度为 100mm/min 与 150mm/min 时，由于搅拌头转速较低，焊接速度较高，单位时间内摩擦产热不足，搅拌头前方温度较低，焊件材料没有达到塑性流动状态，前进侧材料不能完全越过搅拌头前端回流到搅拌头后方，导致焊件中下部出现孔洞缺陷，如图 5-6(a)所示。随着搅拌头继续进给，

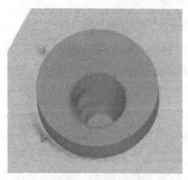
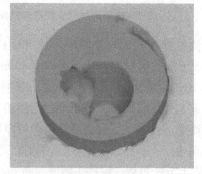

(a) 初始进给阶段焊件中下部出现孔洞　　　(b) 进给阶段形成沟槽缺陷

图 5-6　焊接缺陷

孔洞缺陷发生扩展，最终贯通焊缝上表面，形成沟槽缺陷，如图 5-6(b)所示。仿真结果显示，当搅拌头转速为 300r/min、焊接速度为 100mm/min 与 150mm/min 时，无法获得无缺陷的 FSW 接头，其余组均未出现缺陷。

当搅拌头转速为 400r/min 与 500r/min 时，下压、停留预热与焊接进给阶段 FSW 核心区峰值温度随焊接速度的变化规律分别如图 5-7(a)、(b)所示。

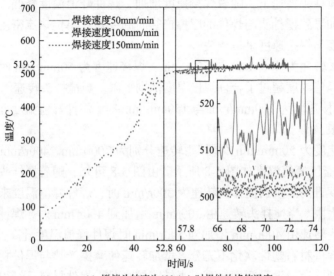

(a) 搅拌头转速为400r/min时焊件的峰值温度

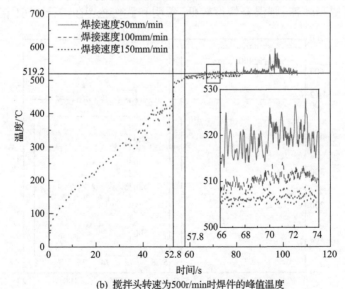

(b) 搅拌头转速为500r/min时焊件的峰值温度

图 5-7　FSW 核心区峰值温度随焊接速度的变化规律

　　由图 5-7 可知，下压时 FSW 核心区峰值温度变化剧烈，这是由搅拌头高速旋转并缓慢压入焊件焊缝处，与焊件发生剧烈摩擦导致的。下压阶段完成后，焊件材料受到搅拌头高速旋转与挤压，焊接温度升高，使接头处材料处于塑性状态。停留预热阶段完成后，搅拌头在旋转的同时沿焊接方向向前移动，完成进给过程。在焊接进给阶段，焊件峰值温度总体保持恒定。

　　在相同搅拌头转速下，随着焊接速度增加，焊件峰值温度降低，其原因为，焊接速度增加导致搅拌头与焊件的摩擦产热时间变短，单位热流密度变小，因此焊件峰值温度与焊接速度呈负相关。

　　当搅拌头转速为 400r/min 与 500r/min、焊接速度为 50mm/min 时，焊接进给阶段的焊件峰值温度超过了合理焊接温度范围上限。当搅拌头转速为 400r/min 与 500r/min、焊接速度为 100mm/min 与 150mm/min 时，焊件峰值温度低于合理焊接温度范围上限。

　　当焊接速度为 50mm/min，搅拌头转速分别为 300r/min、400r/min 与 500r/min 时，FSW 核心区峰值温度如图 5-8 所示。由图 5-8 可知，随着搅拌头转速增加，焊件峰值温度升高。仅当搅拌头转速为 300r/min 时，焊件峰值温度未超过合理焊接温度范围上限。当搅拌头转速由 300r/min 增加到 400r/min 时，焊件峰值温度升高量比搅拌头转速由 400r/min 增加到 500r/min 时焊件峰值温度升高量大。这表明在低转速时焊件材料塑性软化不充分，增加转速使摩擦产热与焊件材料的塑性变形产热更剧烈，所以温升幅度较高。当转速较高时，焊件材料已经得到较为充分的软化，继续提高转速，则温升幅度较低。翟明和武传松[8]在进行 6061 铝合金 FSW

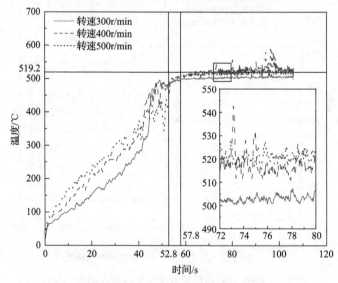

图 5-8　FSW 核心区峰值温度随搅拌头转速的变化规律(焊接速度为 50mm/min)

热电偶测温实验时观察到了相同的现象。

5.2.2　焊接工艺参数对 FSW 核心区温差的影响

仿真中设置的焊接进给量为 40mm，由于焊接进给阶段存在温度波动，所以每进给 5mm 提取一次核心区的峰值温度与最低温度数据。每组仿真模型提取 8 组焊接进给阶段的峰值温度与最低温度数据。计算每组仿真模型 8 组温度数据的平均值和标准差，并绘制误差棒图。当搅拌头转速为 400r/min 与 500r/min、不同焊接速度时，FSW 核心区峰值温度与最低温度的平均值与标准差如图 5-9 所示。

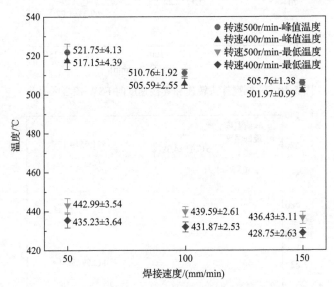

图 5-9　不同搅拌头转速和焊接速度时 FSW 核心区峰值温度与最低温度的平均值与标准差

由图 5-9 可知，对于同一搅拌头转速，焊接速度越大，FSW 核心区峰值温度和最低温度越低。分析原因为焊接速度增加，搅拌头与焊件的摩擦产热时间变短，单位热流密度变小，导致 FSW 核心区峰值温度与最低温度都呈降低的趋势。

当搅拌头转速为 400r/min 与 500r/min、不同焊接速度时，FSW 核心区温差如图 5-10 所示。由图 5-10 可知，对于同一搅拌头转速，随着焊接速度增加，FSW 核心区温差降低。分析原因为搅拌头轴肩与焊件的摩擦产热为主要的热量来源，峰值温度总是出现在轴肩下方区域。轴肩下方温度较搅拌针处为高温区，由于热传导的作用，在焊接过程中高温区会不断向焊件底面传递热量，所以随着焊接速度增加，FSW 核心区峰值温度下降比最低温度下降得多，温差呈现降低的趋势。

当焊接速度为 50mm/min、不同搅拌头转速时，FSW 核心区峰值温度与最低温度的平均值与标准差如图 5-11 所示。由图 5-11 可知，对于同一焊接速度，搅拌

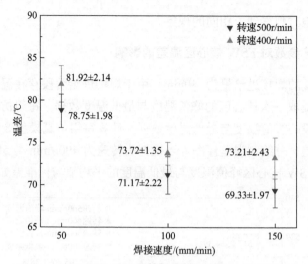

图 5-10　不同搅拌头转速和焊接速度时 FSW 核心区温差

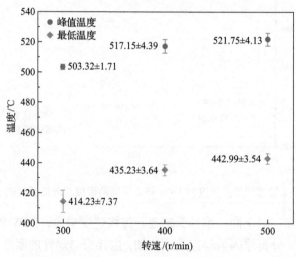

图 5-11　焊接速度 50mm/min 和不同搅拌头转速时 FSW 核心区峰值温度
与最低温度的平均值与标准差

头转速越高，FSW 核心区峰值温度和最低温度越高。分析原因为搅拌头转速越高，搅拌头与焊件摩擦越剧烈，焊件塑性变形越剧烈，单位热流密度增大，致使 FSW 核心区峰值温度与最低温度都呈现升高的趋势。

　　当焊接速度为 50mm/min、不同搅拌头转速时，FSW 核心区温差如图 5-12 所示。由图 5-12 可知，对于同一焊接速度，搅拌头转速越高，焊件的核心区温差越低。分析原因为搅拌头转速升高，焊件材料流动速度升高，轴肩与焊件摩擦产生的热量沿焊件厚度方向传递增多，致使温差降低。

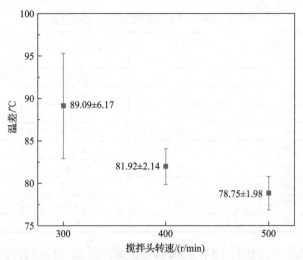

图 5-12　焊接速度 50mm/min 和不同搅拌头转速时 FSW 核心区温差

5.2.3　FSW 核心区峰值温度与最低温度曲面拟合

经仿真后处理研究发现，当搅拌头转速为 500r/min、焊接速度为 50mm/min 时，焊接进给阶段 FSW 核心区峰值温度高于合理焊接温度范围上限。其余焊接工艺参数组合下，焊接进给阶段 FSW 核心区最低温度均低于合理焊接温度范围下限。研究结果表明，9 组焊接工艺参数的 FSW 核心区峰值温度与最低温度无法同时满足合理焊接温度范围上下限要求。

对 9 组仿真模型中 FSW 核心区峰值温度与最低温度分别使用 MATLAB 软件进行曲面拟合，可获得满足峰值温度要求的焊接工艺参数组合范围与满足最低温度要求的焊接工艺参数组合范围，对两个工艺参数组合范围求交集即为同时满足合理焊接温度范围上下限要求的焊接工艺参数组合范围。

每组仿真模型中 FSW 核心区峰值温度和最低温度数据如表 5-6 所示。

将搅拌头转速与焊接速度设置为输入 x、y，焊件温度设置为输出 z，进行多项式拟合。拟合函数如式(5-8)所示：

$$z = f(x, y) \tag{5-8}$$

使用 Curve Fitting Tool 进行三维曲面拟合，可求解出具体的函数表达式。曲面拟合精度用均方误差评定，如式(5-9)所示：

$$MSE = \frac{1}{N} \sum_{i=1}^{N} (z_i - \hat{z}_i)^2 \tag{5-9}$$

式中，N 为样本数量；z_i 为实际温度数据；$\hat{z}_i$ 为拟合函数计算得到的温度数据。

表 5-6　FSW 核心区峰值温度与最低温度

序号	搅拌头转速 $n/(\mathrm{r/min})$	焊接速度 $v/(\mathrm{mm/min})$	峰值温度/℃	最低温度/℃
1	300	50	505.03	406.86
2	300	100	496.60	336.51
3	300	150	486.34	279.63
4	400	50	521.54	431.59
5	400	100	508.14	429.34
6	400	150	502.96	426.12
7	500	50	525.88	439.45
8	500	100	512.68	436.98
9	500	150	507.14	433.32

使用多项式拟合方法对 FSW 核心区峰值温度数据进行拟合计算,取均方误差最小的拟合函数为 FSW 核心区峰值温度拟合函数,如式(5-10)所示:

$$
\begin{aligned}
z_1 = {}& 393.2 + 0.5509x + 0.3301y - 0.0004691x^2 - 0.001793xy \\
& - 0.002682y^2 - 1.35 \times 10^{-7}x^2y + 9.49 \times 10^{-6}xy^2 - 1.072 \times 10^{-18}y^3
\end{aligned}
\tag{5-10}
$$

该拟合函数的均方误差为 0.605。FSW 核心区峰值温度曲面拟合结果如图 5-13 所示,图中所示平面 1 为最佳焊接温度范围上限。

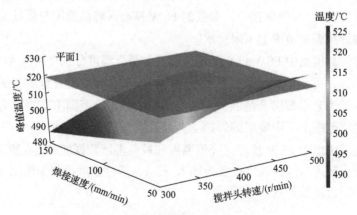

图 5-13　峰值温度曲面与温度上限平面

同理,将搅拌头转速与焊接速度设置为输入,使用多项式拟合方法对 FSW 核心区最低温度数据进行拟合计算,拟合函数如式(5-11)所示:

$$
\begin{aligned}
z_2 = {}& 865.3 - 1.881x - 13.55y + 0.002039x^2 + 0.05796xy \\
& + 0.006381y^2 - 6.121 \times 10^{-5}x^2y - 1.466 \times 10^{-5}xy^2 + 3.216 \times 10^{-19}y^3
\end{aligned}
\tag{5-11}
$$

该拟合函数的均方误差为 3.077。FSW 核心区最低温度曲面拟合结果如图 5-14 所示，图中所示平面 2 为最佳焊接温度范围下限。

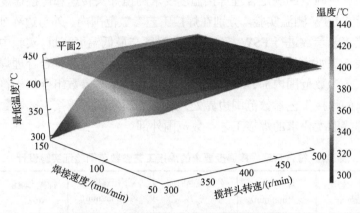

图 5-14　最低温度曲面与温度下限平面

将 FSW 核心区峰值温度曲面与合理温度区间温度上限平面的交线、最低温度曲面与合理温度区间温度下限平面的交线投影到以焊接速度为 x 轴、搅拌头转速为 y 轴组成的平面，可获得满足合理焊接温度要求的焊接工艺参数组合范围，如图 5-15 中的阴影区域所示。

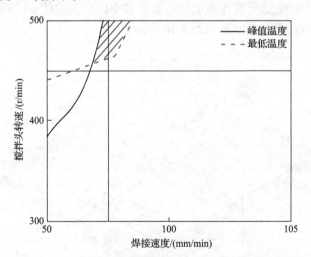

图 5-15　符合合理焊接温度要求的焊接工艺参数范围

在焊接进给阶段，符合合理焊接温度要求的搅拌头转速为 457～500r/min，焊接速度为 68.5～84.8mm/min。

5.2.4　焊接进给阶段焊接工艺参数范围的有效性验证

为了验证所确定的满足合理焊接温度要求的搅拌头转速和焊接速度范围的合理性，进行了 FSW 测温实验。分别在焊接工艺参数范围内、外与边界处取点，按照对应焊接工艺参数进行 FSW 核心区峰值温度与最低温度测量。实验中的焊接工艺参数如表 5-7 所示。第 1 组实验的焊接工艺参数组合位于符合合理焊接温度要求的焊接工艺参数范围内部，第 2、3 组实验的焊接工艺参数组合位于符合合理焊接温度要求的焊接工艺参数范围边界处，第 4、5 组实验的焊接工艺参数组合位于符合合理焊接温度要求的焊接工艺参数范围外部。

表 5-7　符合合理焊接温度要求的焊接工艺参数范围验证实验设计

序号	搅拌头转速 n/(r/min)	焊接速度 v/(mm/min)	停留预热时间 t_d/s	下压速度 v_p/(mm/min)	搅拌头倾角 α/(°)	下压量 d_p/mm
1	480	75	5	20	2.5	0.2
2	500	75	5	20	2.5	0.2
3	460	70	5	20	2.5	0.2
4	450	75	5	20	2.5	0.2
5	480	65	5	20	2.5	0.2

测温实验中热电偶布置在温度场仿真模型中提取到的核心区峰值温度与最低温度位置处，热电偶布置方案如图 5-16 所示。

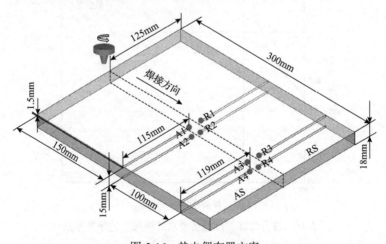

图 5-16　热电偶布置方案

第 1、2、3 组焊接工艺参数组合下热电偶测温实验测得的特征点温度曲线如图 5-17 所示。

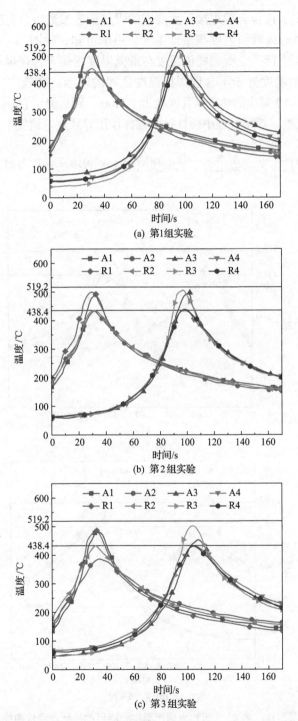

(a) 第1组实验

(b) 第2组实验

(c) 第3组实验

图 5-17　第 1、2、3 组热电偶测温实验测得的特征点温度曲线

图 5-17 给出了符合合理焊接温度要求的焊接工艺参数组合对应的热电偶测温实验所测得的核心区峰值温度与最低温度，由图可知，除图 5-17(c) 中的特征点 A2 外，其余 23 个特征点所测峰值温度与最低温度均位于合理焊接温度范围内。分析特征点 A2 温度处于不合理焊接温度区间的原因：实验中每块焊件宽度为 125mm，特征点 A2 对应的热电偶孔深度为 119mm，距焊缝中心 6mm，热电偶顶端与搅拌针距离较近，焊接过程中搅拌针的搅拌作用导致热电偶发生移动，从而测得温度较低。

第 4、5 组焊接工艺参数组合下热电偶测温实验测得的特征点温度曲线如图 5-18 所示。

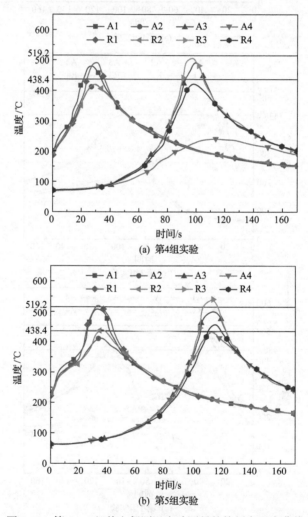

(a) 第4组实验

(b) 第5组实验

图 5-18　第 4、5 组热电偶测温实验测得的特征点温度曲线

图 5-18(a)给出了低于合理焊接温度要求的焊接工艺参数组合对应的热电偶测温实验所测得的核心区峰值温度与最低温度，由图可知，特征点 A2、R2 与 R4 的峰值温度均低于合理焊接温度范围下限。图 5-18(b)给出了高于合理焊接温度要求的焊接工艺参数组合对应的热电偶测温实验所测得的核心区峰值温度与最低温度，由图可知，特征点 R1 与 R3 的峰值温度高于合理焊接温度范围上限。由图 5.18(a)还可知，第 4 组 FSW 热电偶测温实验测得特征点 A4 的温度曲线出现失真，分析原因可能是搅拌头旋转作用致使热电偶发生位移。由此验证了符合合理焊接温度要求的焊接工艺参数范围的有效性。

5.3　本 章 小 结

本章实现了下压、停留预热与焊接进给阶段的焊接工艺参数优化。

(1)以 FSW 核心区厚向温差最小为优化目标，以 2219 铝合金固相线和液相线温度的 80% 为合理焊接温度范围(438.4～519.2℃)，设计了下压及停留预热阶段焊接工艺参数对 FSW 核心区温差影响的正交实验方案，通过方差分析确定了下压及停留预热阶段各焊接工艺参数对温差影响的主次顺序，实现了下压及停留预热阶段的焊接工艺参数优化。

(2)设计了焊接进给阶段焊接工艺参数对 FSW 核心区温度影响的仿真方案，基于双因素仿真研究了搅拌头转速与焊接速度对 FSW 核心区峰值温度、最低温度与温差的影响规律，进行核心区峰值温度与最低温度曲面拟合，以合理焊接温度范围为约束条件，实现焊接进给阶段的焊接工艺参数优化。确定了满足合理焊接温度要求的焊接工艺参数范围，即搅拌头转速范围为 457～500r/min，焊接速度范围为 68.5～84.8mm/min，并通过热电偶测温实验验证了所确定焊接工艺参数范围的合理性。

参 考 文 献

[1] Suenger S, Kreissle M, Kahnert M, et al. Influence of process temperature on hardness of friction stir welded high strength aluminum alloys for aerospace applications[J]. Procedia CIRP, 2014, 24: 120-124.

[2] Bachmann A, Krutzlinger M, Zaeh M F. Influence of the welding temperature and the welding speed on the mechanical properties of friction stir welds in EN AW-2219-T87[J]. IOP Conference Series: Materials Science and Engineering, 2018, 373: 012016.

[3] Zhu R, Gong W B, Cui H. Temperature evolution, microstructure, and properties of friction stir welded ultra-thick 6082 aluminum alloy joints[J]. The International Journal of Advanced

Manufacturing Technology, 2020, 108(1-2): 331-343.

[4] Mao Y Q, Ke L M, Liu F C, et al. Investigations on temperature distribution, microstructure evolution, and property variations along thickness in friction stir welded joints for thick AA7075-T6 plates[J]. The International Journal of Advanced Manufacturing Technology, 2016, 86(1-4): 141-154.

[5] 高辉, 董继红, 张坤, 等. 厚板铝合金搅拌摩擦焊接头组织及性能沿厚度方向的变化规律[J]. 焊接学报, 2014, 35(8): 61-65, 116.

[6] 马哲树, 侯小宇, 陈苏蓉. 搅拌头轴肩尺寸对 2219 铝合金摩擦搅拌焊接头性能的影响[J]. 热加工工艺, 2018, 47(5): 194-198, 202.

[7] Fehrenbacher A, Duffie N A, Ferrier N J, et al. Effects of tool-workpiece interface temperature on weld quality and quality improvements through temperature control in friction stir welding[J]. The International Journal of Advanced Manufacturing Technology, 2014, 71(1-4): 165-179.

[8] 翟明, 武传松. 搅拌头/工件界面峰值温度的测量及预测[J]. 机械工程学报, 2021, 57(4): 36-43.

第 6 章　基于 ABAQUS 的 2219 铝合金厚板 FSW 温度场表征

ABAQUS 功能强大，多用于复杂加工过程的热-力-位移耦合仿真。ABAQUS/CEL 仿真技术对 FSW 过程中的大变形、非线性等问题有较好的适应性。为了实现对 2219 铝合金厚板 FSW 温度场的高精度仿真，探究 FSW 核心区温度分布规律，研究搅拌头结构参数和焊接工艺参数对核心区温度场的影响规律，优化焊接工艺参数和搅拌头结构参数，本章考虑搅拌头结构尺寸和细节形貌，基于 ABAQUS/CEL 建立 FSW 温度场仿真模型，对 18mm 厚 2219 铝合金单轴肩 FSW 温度场仿真模型建立过程进行了详细论述，介绍了仿真建模过程中涉及的关键技术。

6.1　基于 ABAQUS/CEL 的 FSW 温度场仿真模型

采用 ABAQUS 进行有限元仿真模拟时，主要包含前处理、分析计算和后处理三个模块。而有限元仿真模型的建立主要基于 ABAQUS 前处理模块完成。本节针对 FSW 有限元仿真模型建立过程，逐一说明焊接过程中搅拌头与焊件模型的建立和装配、材料属性设置、网格划分、分析步设置、CEL 仿真建模方法、产热机理与热边界条件、摩擦模型与材料本构模型的建立和载荷设置等重要步骤。

6.1.1　几何模型的建立及装配

1. 搅拌头几何模型

为了提高仿真精度，考虑了搅拌针的平面特征、螺纹、锥角和轴肩凹角对焊接核心区温度场的影响，基于武汉重型机床集团有限公司实际焊接加工使用的搅拌头细节结构与尺寸参数(图 6-1)，使用 SolidWorks 建立了搅拌头几何模型，并将 STEP 格式的完整形貌搅拌头三维模型导入 ABAQUS 中，如图 6-2 所示。

在建立搅拌头三维仿真模型时，为了降低搅拌头网格数量从而减小仿真耗时，仅对搅拌头压入焊件材料内部的部分进行建模。所建搅拌头结构尺寸和细节形貌参数如表 6-1 所示。

图 6-1　搅拌头实物图

图 6-2　搅拌头三维仿真模型

表 6-1　搅拌头结构尺寸和细节形貌参数表

轴肩直径 D/mm	轴肩凹角 α /(°)	搅拌针顶端直径 D_1/mm	搅拌针底端直径 D_2/mm	螺纹升角 β /(°)	搅拌针长 L/mm	搅拌针锥角 γ /(°)
32	4	15	7	3	17.2	12.6

2. 焊件几何模型

　　焊件为 150mm×100mm×18mm 的平板。在采用 CEL 方法建模分析时，需要建立两个焊件模型：一个为欧拉体，参与数值模拟过程；另一个为拉格朗日实体，用于对欧拉体进行材料指派，不参与焊接仿真过程。拉格朗日实体尺寸与实际焊件尺寸相同，为 150mm×100mm×18mm。对于欧拉体的尺寸设定，考虑到 FSW 过程中会有材料从焊件表面溢出，为保证这部分材料有足够的空间流动，建立了 6mm 厚的欧拉体空层。因此，欧拉体的尺寸最终确定为 150mm×100mm×24mm，其三维仿真模型如图 6-3 所示。

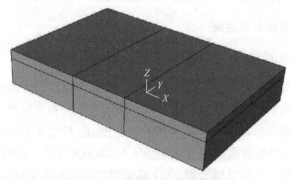

图 6-3　欧拉体焊件三维仿真模型

　　单轴肩 FSW 仿真装配图如图 6-4 所示。模型的装配涉及欧拉体、拉格朗日实体和搅拌头三个装配件，通过装配定义各个零件的相对位置关系。欧拉体与拉格朗日实体底面完全重合,搅拌头初始位置位于距离焊件左边 25mm 的中心线位置。搅拌针底面与拉格朗日实体上表面重合。需要注意的是，在导入零件时要选择零件"非独立"性以保证装配件网格划分成功。

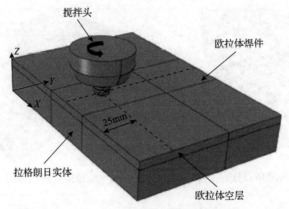

图 6-4　单轴肩 FSW 仿真装配图

6.1.2　材料参数模型与网格划分

1. 材料参数模型

在基于 ABAQUS/CEL 有限元仿真建模中，材料参数模型是保证温度场高精度仿真的重要基础之一，故采用随温度变化的动态材料模型参数，为后续的高精度有限元仿真模型的建立奠定基础。随温度变化的 2219 铝合金材料参数如图 3-9 所示。

搅拌头的材料为 H13 高速工具钢，其材料参数如表 4-1 所示。由于在现实加工中，只有很小一部分热量由搅拌头传出，故在建立仿真模型时，将搅拌头设定为恒定温度的刚体以简化仿真过程，缩短仿真耗时。

2. 网格划分

由于搅拌头属于三维实体，搅拌针带有螺纹、平面等不规则形貌，故选用 C3D10MT 的十节点热耦合的二阶四面体网格类型，并设定沙漏控制，以防止网格畸变过大。网格尺寸设为 1.4mm，如图 6-5 所示。由于参考体只参与材料指派而不进行实际仿真，故选用尺寸为 5mm 的 C3D8RT 的八节点热耦合立方体网格。

网格尺寸是仿真模型精度的重要影响因素之一，在理想情况下网格尺寸越小，仿真精度越高，但会导致网格数量过多。为保证温度场的仿真精度，欧拉体焊件网格尺寸设为 0.7mm。欧拉体焊件尺寸较大，网格总数达到 105 万，导致网格数量过多而使仿真实际耗时很长，因此采用局部细化网格以降低网格数量，如图 6-6

所示，使得网格总数降低到 30 万，大大减小了仿真耗时。网格类型采用欧拉体专用的 EC3D8RT 的八节点热耦合欧拉网格，并设定减缩积分和沙漏控制，以防止网格变形过大导致仿真终止。

图 6-5　搅拌头网格划分　　　　　图 6-6　欧拉体焊件局部细化网格划分

6.1.3　CEL 仿真方法及质量缩放

1. CEL 仿真方法

在 CEL 仿真方法中，欧拉体划分为欧拉单元为焊件材料提供流动空间，欧拉体结构的边界即为材料流动的边界。CEL 仿真方法中的大变形加工过程是由材料流动表征的，而欧拉体网格不参与变形过程，不会因为网格畸变而使仿真停止。因此，CEL 仿真方法适合用来模拟大变形加工过程，适用于 FSW 温度场仿真研究。CEL 仿真中通常设定欧拉体仿真部件尺寸以确定欧拉区域，焊件材料只能在欧拉区域内流动。在 FSW 加工中，焊件材料会受到搅拌头挤压和搅拌作用而使材料有向上的运动趋势，同时随着搅拌头进给过程会有"飞边"产生，所以欧拉体焊件顶层设置欧拉空层为材料提供流动空间。

欧拉体部件在赋予截面属性时不同于常规部件，而是必须在"截面创建"工具栏中创建欧拉体专属的截面属性。在创建完截面属性后，用户利用"工具"→"离散场"→"体积分数工具"模块建立材料指派工具，随后在"预定义场"模块中将拉格朗日实体材料赋予欧拉体焊件中。至此，除欧拉空层外，剩余的欧拉体网格内充满了 2219 铝合金材料。

2. CEL 仿真方法的质量缩放

在仿真中，采用显式-动态的仿真分析方法耗时非常长，所以通常只对极短的动态过程进行仿真。但对于 18mm 厚的铝合金 FSW，由于焊件厚度较大，焊接工艺参数相对较小，仿真模型分析步总时间达到了 120s 左右，所以采用质量缩放的方法来降低仿真耗时。当仿真分析步总时间一定时，有限元仿真的耗时长短取决

于最小增量步时间 Δt_{crit}（式 (6-1)），当增量步时间 Δt_{crit} 变小，仿真增量步总数变大，仿真耗时增加。

$$\Delta t_{\text{crit}} = \min\left(\frac{L}{C_d}\right) \tag{6-1}$$

$$C_d = \sqrt{\frac{E}{\rho}} \tag{6-2}$$

式中，C_d 为材料内波的传播速度；L 为网格的最小尺寸；E 为材料的杨氏模量；ρ 为材料的密度。

由式 (6-1) 和式 (6-2) 可以看出，当材料的密度增大时，增量步时间 Δt_{crit} 增大，从而减小仿真耗时。因此，将质量缩放系数设定为 1000，在此情况下，仿真耗时减少为之前的 1/25，成功建立了耗时短的温度场仿真模型。

6.1.4　产热机理和热边界条件

FSW 过程是多物理场耦合的复杂非线性变化的过程，涉及温度场、材料塑性流场与应力应变场之间的耦合作用。基于 FSW 过程中的产热机理和热边界条件分析，可确定焊件各个表面与垫板和夹具之间的对流换热系数、焊件与空气的对流换热系数等的取值，参数取值见第 3 章。

6.1.5　摩擦模型和材料本构模型

1. 摩擦模型

在 FSW 过程中，搅拌头和焊件的相互作用机理复杂，在 ABAQUS 前处理中将搅拌头和焊件接触方式设定为通用接触，这种接触条件的优点在于 ABAQUS 可自行判断 FSW 过程中焊件和搅拌头接触方式，使仿真结果精度提高。在 FSW 过程初期，焊件温度较低呈固态，塑性变形量较小，搅拌头和焊件之间的滑动摩擦是主要产热方式。2219 铝合金在受热升温超过某一特定温度时变成黏流态，并在搅拌头搅拌作用下塑性流动，此时搅拌头和焊件的剪切摩擦为主要的产热方式。故选用随温度变化的修正库仑摩擦模型，接触界面剪应力如式 (6-3) 所示[1]。随温度变化的摩擦系数取值如表 3-1 所示。

$$\tau_{\text{friction}} = \tau_{\text{shear}} = \begin{cases} \mu p, & T \geqslant T_0 \\ \dfrac{\sigma_s}{\sqrt{3}}, & T < T_0 \end{cases} \tag{6-3}$$

式中，$\tau_{friction}$ 是摩擦剪应力；τ_{shear} 是滑移剪应力；μ 是摩擦系数；p 是接触点压力；σ_s 是等效流动应力。

2. 材料本构模型

材料本构方程用来描述材料在热力作用下的变形情况，可以表征等效应力与等效应变、等效应变速率和温度之间的关系。FSW 属于大应变、高应变速率、大变形热力耦合的加工过程，因此选择精确材料本构模型是建立高精度温度场仿真模型的前提。选用 J-C 本构模型描述 2219 铝合金流变应力与温度、应变、应变速率之间的关系，具体公式如式(3-51)所示，参数设置如表 3-3 所示。

6.1.6　2219 铝合金厚板 FSW 过程仿真实现

基于 ABAQUS/CEL 前处理模块,按照上述建模步骤成功建立并实现了 18mm 厚 2219 铝合金 FSW 搅拌头下压、停留预热和焊接进给阶段的仿真模拟，基于 ABAQUS 后处理模块得到了搅拌头下压、停留预热和焊接进给阶段的温度场云图，如图 6-7 所示。FSW 核心区温度场沿焊缝中心大致呈对称分布，前进侧的峰值温度高于后退侧约 20℃。温度场的峰值温度出现在轴肩的下方 2～3mm 处，为 515℃,FSW 核心区温度场最低温度出现在搅拌针底面上方 1～2mm 处,为 431℃，板厚方向最大温差约为 80℃。FSW 加工过程有限元仿真模型的成功建立和运行为后续提取特征点的温度循环曲线、揭示温度分布规律奠定了基础。

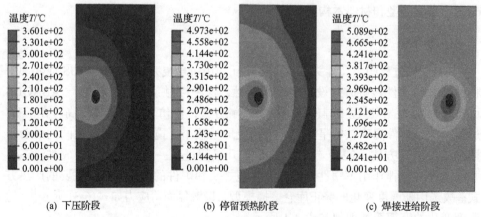

(a) 下压阶段　　　　　　　(b) 停留预热阶段　　　　　　(c) 焊接进给阶段

图 6-7　FSW 搅拌头下压、停留预热与焊接进给阶段温度场云图

在武汉重型机床集团有限公司的龙门式 FSW 机床进行了单轴肩 FSW 实验，如图 6-8 所示。设置了 350r/min、400r/min、450r/min 三组不同搅拌头转速的焊接实验，在焊件的指定位置加工 3mm 圆孔以固定 K 型热电偶，热电偶 A(85,25,15)、

B(65,25,15)、C(85,50,12)(对应仿真特征点 A、B、C)位置排布如图 6-9 所示。

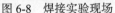
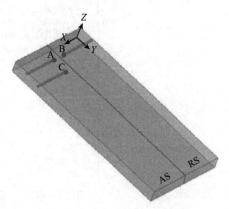

图 6-8　焊接实验现场　　　　　图 6-9　热电偶特征点分布图

　　采用基于 K 型热电偶(测温范围为–200～1250℃)的 FSW 温度场测试系统测量了搅拌头转速 400r/min 时下压、停留预热与焊接进给阶段中特征点 A、B 的温度循环曲线和搅拌头转速分别为 350r/min、400r/min、450r/min 时特征点 C 的实时温度数据。同时，基于 ABAQUS/CEL 后处理模块，提取了对应热电偶布置的特征点实时温度数据。导入 Origin 中，获得了相同特征点的实验和仿真的温度循环曲线。实验与仿真对比结果如图 6-10 所示。

　　分析可得特征点 A、B、C 在不同转速下的五组实验和仿真温度变化趋势一致，峰值温度相对误差分别为–2.9%、4.4%、–3.5%、0.4%、1.5%，验证了所建立的 18mm 厚 2219 铝合金 FSW 温度场仿真模型的有效性。

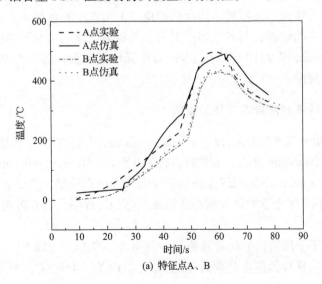

(a) 特征点A、B

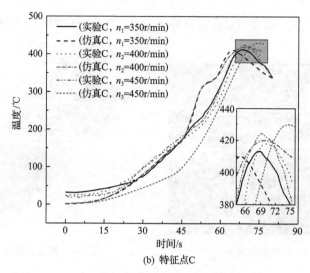

(b) 特征点C

图 6-10　实验和仿真特征点温度循环曲线

6.2　焊接工艺参数对温度场的影响

FSW 核心区温度场直接影响焊接接头的连接强度。因此，为获得连接强度高、焊接性能优良的焊件，保证 FSW 核心区温度场在合理的区间至关重要。FSW 工艺参数直接影响焊接温度场，进而影响焊件的连接强度。若焊接工艺参数选取不当，可能导致焊件在厚度方向出现温差大、温度分布不均的现象。核心区温度过高或过低会导致焊接过程中出现大量飞边、孔洞与未焊透等缺陷。焊接工艺参数众多，如搅拌头转速、下压量、搅拌头倾角、下压速度和焊接速度等，并且不同材料、不同尺寸的焊件，其各个焊接工艺参数对温度场的影响不尽相同。本节将依据建立的 18mm 厚 2219 铝合金 FSW 有限元仿真模型，探究 FSW 工艺参数对温度场的影响规律。

6.2.1　搅拌头转速对焊接温度场的影响

采用控制单一变量的方法，设定下压量为 0.2mm，保持搅拌头下压速度 20mm/min 和焊接速度 100mm/min 不变，在搅拌头转速分别为 350r/min、400r/min、450r/min 的情况下，建立 FSW 下压和焊接进给阶段温度场仿真模型。基于 ABAQUS 后处理，提取三种不同转速下的焊件核心区特征点（点 C，详细见图 6-9）温度循环曲线，如图 6-11 所示。

三种转速下下压阶段的仿真峰值温度分别为 209.5℃、218.5℃、238.9℃，稳定焊接阶段的仿真峰值温度分别为 409.7℃、431.6℃、459.2℃，且不同转速下的

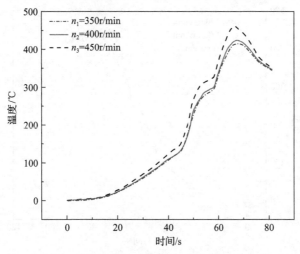

图 6-11　不同搅拌头转速特征点温度循环曲线

特征点的温度循环曲线趋势基本一致。从特征点 C 的温度循环曲线可以看出，转速对特征点 C 峰值温度时间的影响不显著。但搅拌头转速越高，下压和焊接进给阶段的核心区峰值温度越高。这是因为搅拌头转速越高，搅拌头与焊件摩擦产热越多，材料的塑性变形程度越剧烈，塑性变形产热越多，而散热条件几乎不变，所以焊接温度场峰值温度越高。另外，特征点的温度循环曲线从 46s 开始出现陡升，这是因为随着下压阶段的进行，当搅拌头轴肩面接触到焊件上表面时，摩擦产生大量热，导致温度急剧升高。这也说明轴肩摩擦产热是 FSW 主要热源。

6.2.2　焊接速度对焊接温度场的影响

保持搅拌头下压速度 20mm/min 和转速 400r/min 不变，分别在 70mm/min、130mm/min 和 190mm/min 三组不同焊接速度下对 FSW 下压和焊接进给阶段进行温度场仿真，并提取三组仿真的 FSW 核心区同一特征点 C 的温度循环曲线，如图 6-12 所示。

由特征点 C 在不同焊接速度下的温度循环曲线可知，焊接速度对焊接进给阶段温度场影响显著。随着焊接速度的减小，同一特征点达到峰值温度的时间变长，相同特征点在 70mm/min、130mm/min 和 190mm/min 焊接速度下的峰值温度分别为 459.4℃、451.2℃和 423.6℃，即峰值温度随着焊接速度增大而减小。这是因为焊接速度越低，搅拌针与焊件接触越充分，摩擦产热总量越大。但当焊接速度降低时，搅拌头移动速度降低，特征点的温度循环曲线到达峰值温度的时间增加。

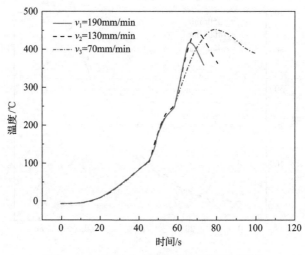

图 6-12　不同焊接速度特征点温度循环曲线

6.3　单轴肩 FSW 搅拌头结构参数对温度场的影响

FSW 核心区温度场直接影响焊件的微观组织和焊接质量。FSW 产热方式主要有搅拌头轴肩和焊件表面接触摩擦产热、搅拌针和焊件摩擦产热以及工件塑性变形产热。搅拌头结构参数直接影响摩擦接触面积，从而对焊接温度场产生影响。本节基于所建立的 18mm 厚 2219 铝合金单轴肩 FSW 温度场仿真模型，探究了轴肩直径、螺纹升角、轴肩凹角和搅拌针锥角对焊接温度场的影响，得到了搅拌头结构参数的较优组合。

6.3.1　搅拌头形貌特征对焊接温度场的影响

大量实验与仿真结果表明，FSW 过程中搅拌头轴肩与焊件摩擦产热远高于搅拌针与焊件摩擦产热[2-4]。焊件底面的热量会迅速向焊件下方的垫板传递，导致在焊件厚度方向存在热输入不均的现象，FSW 核心区板厚方向温差直接影响接头微观组织，进而影响接头的力学性能。朱芮[5]在焊接接头分层拉伸实验中发现靠近轴肩处接头的抗拉强度显著高于焊接接头底层。Mao 等[6]与高辉等[7]在研究不同厚度铝合金焊件分层抗拉强度时也发现了与朱芮实验相同的规律。接头底部强度会限制接头整体抗拉强度。

因此，焊件底部温度升高，动态再结晶程度增大，晶界角度增大，搅拌针处接头抗拉强度增大，则接头整体抗拉强度增大。以 FSW 核心区厚向温差最小作为优化目标，以固相线和液相线温度的 80%，最低温度 438.4℃，最高温度 519.2℃作为 FSW 核心区温度的约束条件。通过提高焊件底部温度，提升焊接强度，可获得高质量焊接接头。

FSW 过程中核心区厚向温差主要的影响因素有沿焊件厚度方向自上而下的散热和焊接核心区的材料流动情况。常见的搅拌针形状为棱柱形、圆柱形和圆台形，为增加搅拌针的搅拌能力，提高材料板厚方向的流动性进而减小温差，搅拌针上会增加螺纹、锥角和平面等细节形貌特征。在大多数仿真研究中往往因为仿真软件自身限制而忽略搅拌针的细节形貌特征，而基于 ABAQUS/CEL 的仿真建模方法的优势在于材料在网格内流动，对大变形加工过程引起的网格畸变适应能力很强，所以本节建立了考虑搅拌针细节形貌特征的 FSW 温度场仿真模型，探究了搅拌针的平面、锥角、螺纹等细节形貌特征对 FSW 核心区温度场的影响规律。

采用与武汉重型机床集团有限公司相同的焊接工艺参数组合(下压速度 20mm/min、焊接速度 100mm/min、搅拌头转速 400r/min)对五种不同形貌特征的搅拌针进行 18mm 厚 2219 铝合金 FSW 过程仿真模拟。五种搅拌头的搅拌针形状分别为三棱柱形、四棱柱形、圆柱形、无螺纹圆台形和有螺纹圆台形，如图 6-13 所示，各种搅拌针的细节形貌特征参数如表 6-2 所示。

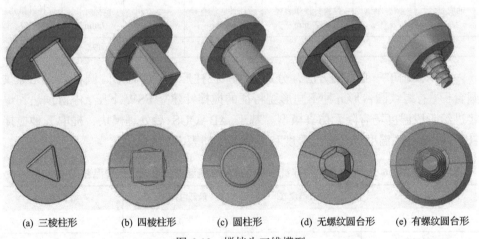

(a) 三棱柱形　　　(b) 四棱柱形　　　(c) 圆柱形　　　(d) 无螺纹圆台形　　　(e) 有螺纹圆台形

图 6-13　搅拌头三维模型

表 6-2　搅拌针细节形貌特征参数

形状	平面特征	搅拌针锥角/(°)	螺纹特征
三棱柱形	3 面	0	无
四棱柱形	4 面	0	无
圆柱形	无平面	0	无
无螺纹圆台形	3 面	12.6	无
有螺纹圆台形	3 面	12.6	有

　　三棱柱形搅拌针截面三角形边长为 11mm，四棱柱形截面正方形边长为 12mm，圆柱形搅拌针截面圆形直径为 15mm。2219 铝合金焊件厚度为 18mm，所有搅拌针长均为 17.2mm，轴肩直径均为 32mm，轴肩凹角设为 4°。在仿真建模中为了提高仿真精度，将欧拉体的网格尺寸设定为 0.7mm，使搅拌针的底面与焊件底面的距离为 0.8mm，以保证在 FSW 的下压过程中搅拌针的最底端与焊件底层的距离大于一个立方体网格的边长，保证焊件的底层不会被"焊穿"而导致 FSW 温度场仿真结果失真。无螺纹圆台形搅拌针和有螺纹圆台形搅拌针的结构参数如表 6-3 和表 6-4 所示。

表 6-3　无螺纹圆台形搅拌针结构参数

轴肩直径 D/mm	轴肩凹角 α/(°)	搅拌针顶端直径 D_1/mm	搅拌针底端直径 D_2/mm	搅拌针长 L/mm	搅拌针锥角 γ/(°)
32	4	15	7	17.2	12.6

表 6-4　有螺纹圆台形搅拌针结构参数

轴肩直径 D/mm	轴肩凹角 α/(°)	搅拌针顶端直径 D_1/mm	搅拌针底端直径 D_2/mm	螺纹升角 β/(°)	搅拌针长 L/mm	搅拌针锥角 γ/(°)
32	4	15	7	11	17.2	12.6

　　采用控制单一变量的方法，分别采用三棱柱形、四棱柱形、圆柱形、无螺纹圆台形、有螺纹圆台形五种不同形貌特征的搅拌针建立 FSW 下压、停留预热和焊接进给阶段温度场有限元仿真模型。基于 ABAQUS 后处理模块，提取五种搅拌针 FSW 核心区温度场的峰值温度和最低温度如表 6-5 所示。

表 6-5　不同形状搅拌针仿真温度场峰值温度、最低温度和温差

形状	峰值温度/℃	最低温度/℃	温差/℃
三棱柱形	465.9	374.1	91.8
四棱柱形	473.9	385.3	88.6
圆柱形	527.5	483.5	44
无螺纹圆台形	511.2	441.6	69.6
有螺纹圆台形	505.6	445.2	60.4

　　由表 6-5 可得，三棱柱形、四棱柱形搅拌针 FSW 核心区最低温度均小于合理焊接温度区间的下限值，因此，是不合理的搅拌针形状。圆柱形搅拌针 FSW 核心区峰值温度已经超出了 2219 铝合金 FSW 的合理焊接温度区间的上限值，因此，圆柱形搅拌头是不合理的搅拌针形状。使用无螺纹圆台形和有螺纹圆台形搅拌针进行焊接，FSW 核心区峰值温度分别为 511.2℃和 505.6℃；最低温度分别为 441.6℃、

445.2℃，均在合理焊接温度区间之内。当搅拌针有螺纹时，上层高温材料向下流动性增加，使得 FSW 核心区峰值温度减小，最低温度上升，进而缩小了温差。

三棱柱形、四棱柱形、无螺纹圆台形、有螺纹圆台形四种形貌的搅拌针 FSW 核心区温差分别为 91.8℃、88.6℃、69.6℃、60.4℃。圆台形搅拌针 FSW 核心区温差要比三棱柱形、四棱柱形的搅拌针 FSW 核心区温差低。而且有螺纹圆台形搅拌针的 FSW 核心区温差最小。这是因为在 FSW 过程中，被高温加热至"黏流态"的铝合金会在带有螺纹沟槽的搅拌头的旋转搅拌作用下在焊件厚度方向上运动得更加剧烈，FSW 核心区温度场峰值温度降低、最低温度升高，温差减小。综上，从 FSW 核心区峰值温度、最低温度和温差的角度对比五种不同形貌特征的搅拌针，发现带有螺纹的圆台形搅拌针的结构较为合理，后续将在此基础上探究带有螺纹的圆台形搅拌针结构参数对 FSW 核心区温度场的影响。

6.3.2　搅拌头结构参数优化

以有螺纹圆台形搅拌头为基础，研究搅拌头的结构参数对 FSW 核心区温度场的影响规律，基于正交方案优化搅拌头结构参数。

搅拌头的结构参数影响 FSW 产热方式和传热。搅拌头轴肩直径和轴肩凹角直接影响轴肩面积进而影响焊接摩擦产热；搅拌针的锥角影响搅拌针与材料的侧接触面积进而影响焊接摩擦产热；而搅拌针的螺纹升角会影响搅拌针的搅拌能力进而影响材料的塑性产热和材料流动。本节基于所建立的 18mm 厚 2219 铝合金单轴肩 FSW 温度场仿真模型，考虑搅拌头轴肩直径、轴肩凹角、搅拌针锥角、搅拌针螺纹升角四种因素，设计了四因素三水平 $L_9(3^4)$ 正交方案，探究搅拌头结构参数对焊接温度场的影响规律，并对搅拌头的结构参数进行优化设计，9 组温度场仿真所用参数及仿真结果如表 6-6 所示，极差分析结果如表 6-7 所示。

表 6-6　9 组温度场仿真所用参数及仿真结果

序号	轴肩直径 /mm	搅拌针锥角 /(°)	轴肩凹角 /(°)	螺纹升角 /(°)	温差 /℃	峰值温度 /℃	最低温度 /℃
1	24.0	6.0	0.0	5.0	135.0	452.0	317.0
2	24.0	9.0	2.5	8.0	86.0	479.0	393.0
3	24.0	12.0	5.0	11.0	138.0	466.0	328.0
4	32.0	9.0	0.0	11.0	92.0	512.0	420.0
5	32.0	12.0	2.5	5.0	100.0	500.0	400.0
6	32.0	6.0	5.0	8.0	77.0	506.0	429.0
7	36.0	12.0	0.0	8.0	48.0	494.0	446.0
8	36.0	6.0	2.5	11.0	45.0	500.0	455.0
9	36.0	9.0	5.0	5.0	74.0	506.0	432.0

表 6-7 极差分析结果

因素	T_1/℃	T_2/℃	T_3/℃	x_1/℃	x_2/℃	x_3/℃	R_i/℃
轴肩直径	359.0	269.0	167.0	119.6	89.6	55.6	64
搅拌针锥角	260.0	252.0	283.0	86.7	84	94.3	10.3
轴肩凹角	272.0	234.0	289.0	90.7	78	96.3	18.3
螺纹升角	309.0	208.0	278.0	103	69.3	92.7	33.7

注：T_i 为各因素同一水平试验指标之和，x_i 为各因素同一水平试验指标的平均数，R_i 为各因素极差值。

根据表 6-6 所用参数建立不同结构参数的搅拌头几何模型，如图 6-14 所示。

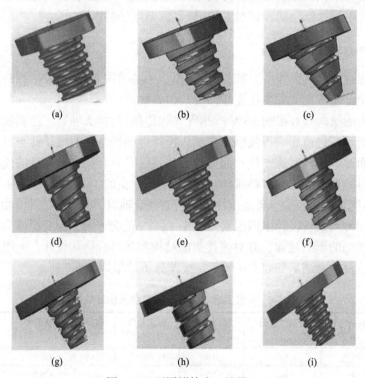

图 6-14 不同搅拌头三维模型

依据不同的仿真方案，分别对相应搅拌头建模，采用搅拌头转速 400r/min、焊接速度100mm/min、下压速度20mm/min的工艺参数组合进行FSW温度场仿真。基于 ABAQUS 后处理提取了停留预热阶段完成时焊接核心区的峰值温度、最低温度及焊件厚向温差，进而计算出每个影响因素的极差，如表 6-6 所示。分析结果表明，轴肩直径、搅拌针锥角、轴肩凹角和螺纹升角的极差值分别为 64℃、10.3℃、18.3℃和33.7℃，即轴肩直径对 FSW 温度场的影响最显著，螺纹升角的影响其次，而轴肩凹角和搅拌针锥角对温度场影响相对较小。

　　不同搅拌头结构参数组合下 FSW 核心区峰值温度 T_{max}、最低温度 T_{min} 如图 6-15 所示，FSW 核心区厚向温差如图 6-16 所示。以 2219 铝合金 FSW 的合理焊接温度区间（438.4～519.2℃）为约束条件，以 FSW 核心区厚向温差最小为优化目标，计算得到第 8 组实验参数为搅拌头的较优结构参数组合。即对于 18mm 厚 2219 铝合金 FSW 加工，在搅拌头转速 400r/min、焊接速度 100mm/min、下压速度 20mm/min 的焊接工艺参数组合下，轴肩直径为 36mm、搅拌针锥角为 6°、轴肩凹角为 2.5°、螺纹升角为 11° 的有螺纹圆台形搅拌头结构参数组合是较优的参数组合。

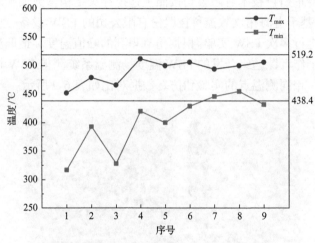

图 6-15　FSW 核心区峰值温度和最低温度

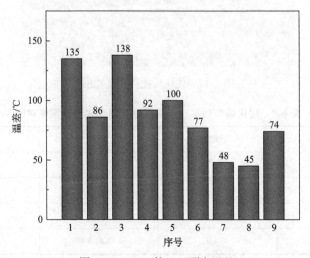

图 6-16　FSW 核心区厚向温差

6.3.3 搅拌头结构参数优化结果的实验验证

　　基于仿真得到在搅拌头转速 400r/min、焊接速度 100mm/min、下压速度 20mm/min 的焊接工艺参数组合下搅拌头结构参数优化组合如表 6-8 所示。

表6-8　搅拌头结构参数优化组合

轴肩直径 D/mm	轴肩凹角 α /(°)	搅拌针顶端直径 D_1/mm	搅拌针底端直径 D_2/mm	螺纹升角 β /(°)	搅拌针长 L/mm	搅拌针锥角 γ /(°)
36	2.5	15	7	11	17.2	6

　　委托北京赛福斯特技术有限公司按照上述搅拌头结构参数加工出搅拌头，如图 6-17 所示。基于上海拓璞数控科技股份有限公司的 FSW 设备，使用优化结构参数的搅拌头进行多次 FSW 实验。根据仿真得到的峰值温度和最低温度位置点布置热电偶，基于作者课题组开发的 FSW 温度场测温系统测得 FSW 核心区峰值温度和最低温度。相同测温点的实验和仿真数据对比如表 6-9 所示。

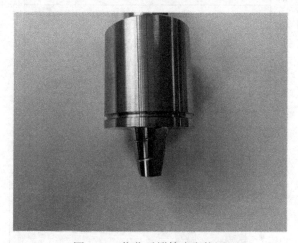

图 6-17　优化后搅拌头实物图

表6-9　优化结构后实验与仿真峰值温度和最低温度对比

实验与仿真	峰值温度/℃	最低温度/℃	温差/℃
实验 1	485.0	422.0	63.0
实验 2	493.4	429.0	64.4
实验 3	492.4	431.0	61.4
仿真结果	494.0	446.0	48.0

通过表 6-9 的温度数据对比分析发现，仿真输出的峰值温度与实验测得的峰值温度平均误差为 0.767%、最低温度平均误差为 4.377%，仿真输出的核心区厚向温差为 48.0℃，实验测得焊件厚向温差平均值约为 62.9℃，证明了优化结构参数后的搅拌头有效降低了温差。

6.4 本 章 小 结

本章详细介绍了 2219 铝合金厚板 FSW 温度场仿真建模步骤，基于 ABAQUS/CEL 建立了 18mm 厚 2219 铝合金 FSW 温度场仿真模型，实现了下压、停留预热及焊接进给阶段的温度场模拟和焊接温度的高精度预测。基于温度场仿真模型，探究了搅拌头转速和焊接速度对 FSW 核心区温度场的影响。研究表明，当搅拌头转速增大时，FSW 核心区峰值温度增大；当焊接速度减小时，核心区峰值温度增大。

基于所建立的 18mm 厚 2219 铝合金单轴肩 FSW 温度场仿真模型，探究了搅拌针形貌对焊接温度场的影响规律，分析发现有螺纹圆台形搅拌针形状较为合理。考虑搅拌头轴肩尺寸、搅拌针锥角、轴肩凹角、搅拌针螺纹升角四因素，进行了四因素三水平正交仿真实验，以 2219 铝合金合理焊接温度区间（438.4～519.2℃）为约束条件，以核心区厚向温差最小为优化目标，得到了较优的搅拌头结构参数组合：轴肩直径为 36mm、搅拌针锥角为 6°、轴肩凹角为 2.5°、螺纹升角为 11°。最后，通过多组 FSW 实验验证了优化结果的有效性。

参 考 文 献

[1] Ansari M A, Samanta A, Behnagh R A, et al. An efficient coupled Eulerian-Lagrangian finite element model for friction stir processing[J]. The International Journal of Advanced Manufacturing Technology, 2019, 101(5-8): 1495-1508.

[2] 江旭东, 黄俊, 周琦, 等. 铝-铜异种材料对接搅拌摩擦焊温度场数值模拟[J]. 焊接学报, 2018, 39(3): 16-20, 129.

[3] 任朝晖, 李存旭, 谢吉祥, 等. 超声辅助搅拌摩擦焊温度场及残余应力场分析[J]. 焊接学报, 2018, 39(11): 53-57,131.

[4] Liu W M, Yan Y F, Sun T, et al. Influence of cooling water temperature on ME20M magnesium alloy submerged friction stir welding: A numerical and experimental study[J]. The International Journal of Advanced Manufacturing Technology, 2019, 105(12): 5203-5215.

[5] 朱芮. 6082 铝合金超厚板搅拌摩擦焊温度场及接头组织与性能研究[D]. 长春: 长春工业大学, 2020.

[6] Mao Y Q, Ke L M, Liu F C, et al. Investigations on temperature distribution, microstructure

evolution, and property variations along thickness in friction stir welded joints for thick AA7075-T6 plates[J]. The International Journal of Advanced Manufacturing Technology, 2016, 86(1-4): 141-154.

[7] 高辉, 董继红, 张坤, 等. 厚板铝合金搅拌摩擦焊接头组织及性能沿厚度方向的变化规律[J]. 焊接学报, 2014, 35(8): 61-65, 116.

第7章　2219铝合金厚板双侧复合FSW工艺研究

在 FSW 过程中,若焊件厚度过大,即使焊接工艺参数和搅拌头结构参数经过优化,厚向温差也会较大,导致焊接质量难以保证[1]。为了降低 FSW 核心区厚向温差,提高焊件接头抗拉强度,本章创新性地提出双侧复合 FSW,即在焊件双侧各装配搅拌头同时进行焊接。

双轴肩搅拌摩擦焊(bobbin tool friction stir welding, BT-FSW)是一种从传统 FSW 改进而来的技术。双侧复合 FSW 在工作原理上与 BT-FSW 类似,区别是双侧复合 FSW 的搅拌头分别由一个主轴带动,这样的好处是搅拌头受力相比 BT-FSW 更小,但对机床的主轴设计提出了新的要求,未来可能会用于厚板 FSW 加工。

为了确定 2219 铝合金厚板双侧复合 FSW 的搅拌头结构参数和焊接工艺参数,统计了部分 BT-FSW 的板厚与搅拌头结构参数、焊接工艺参数的关系,如表 7-1 所示。

表 7-1　BT-FSW 中板厚与搅拌头结构参数、焊接工艺参数关系统计表

文献	材料	板厚 H/mm	轴肩直径 D/mm	搅拌针直径 D_1/mm	搅拌头转速 n/(r/min)	焊接速度 v/(mm/min)
[2]	AA2219	5.4	20/20	10	—	—
[3]	AA6082-T6	4.0	16/16	10	700	300
[4]	AZ31	10.0	28/28	10	200	100
[5]	AA2219-T87	8.0	26/24	12	300~400	200~400
[6]	AA5A06	30.0	36/36	20	220	20
[7]	AA2219-T87	6.0	16/16	8	274~425	98~402
[8]	AA2219-T87	4.0	16/16	6	200~700	150
[9]	AA2219-T87	4.0	16/16	6	300	150

根据表 7-1 可以得出,针对 2219 铝合金,现有研究大部分着眼于板厚 10mm 以下的薄板,轴肩直径通常为板厚的 2.6~4 倍,搅拌针直径通常为板厚的 1.3~1.8 倍。搅拌头转速及焊接速度与板厚并无明显联系,且焊接效果无法通过量化的方式体现。从目前来看,厚板相对于薄板来说,需要加热的材料更多,与空气的散热面积更小,在 FSW 过程中的热累积更高,因此在厚板 FSW 仿真中,拟采用较小的轴肩直径和搅拌针直径,以避免 FSW 过程中热累积所导致的温度过高。

Wang 等[10]为了研究 2219 铝合金双轴肩 FSW 接头力学性能和焊接工艺参数,总结了 2 系铝合金的 FSW 工艺参数和搅拌头几何形状。本章参照 Wang 等的方法

制作了表 7-1，寻找不同板厚下，2219 铝合金厚板双侧复合 FSW 可以参考的搅拌头结构参数及焊接工艺参数的选取范围。Asadi 等[11]研究了不同搅拌针形状对温度场的影响，提取了 CEL 模型中的节点温度数据，总体温度场与实验数值十分接近。

综上所述，针对 2219 铝合金厚板双侧复合 FSW 过程，搅拌头结构参数和焊接工艺参数一定程度上可以参考现有的 BT-FSW 研究。双轴肩对材料的轴向挤压减弱，两侧轴肩产热的方式可以使 FSW 核心区沿厚向温度梯度变小，使受热更加均匀。

本章建立了 2219 铝合金厚板双侧复合 FSW 温度场仿真模型，探究了 2219 铝合金厚板双侧复合 FSW 温度分布规律，基于仿真模型研究搅拌头结构参数和焊接工艺参数对 2219 铝合金厚板双侧复合 FSW 温度场的影响规律，并以核心区厚向温差最小为优化目标，实现搅拌头结构参数和焊接工艺参数的优化。本章研究为高质、高效厚板 FSW 提供了参考。

7.1　双侧复合 FSW 温度场仿真模型的建立

本节基于 ABAQUS/CEL 建立了 2219 铝合金厚板双侧复合 FSW 温度场仿真模型，实现了搅拌头下压、停留预热及焊接进给阶段的仿真模拟，具体步骤如下。

7.1.1　几何模型的建立及装配

1. 搅拌头几何模型

采用第 6 章得到的优化后的搅拌头结构参数组合，考虑搅拌针平面特征、螺纹、锥角及轴肩凹角等搅拌头细节形貌特征建立搅拌头几何模型。与单轴肩 FSW 不同的是，在双侧复合 FSW 过程中，两侧搅拌头同时旋入焊件，所以设定双侧复合 FSW 搅拌针针长为 8.5mm，双侧复合 FSW 的搅拌头结构参数如表 7-2 所示。

表 7-2　双侧复合 FSW 搅拌头结构参数

轴肩直径 D /mm	轴肩凹角 α /(°)	螺纹升角 β /(°)	搅拌针针长 L /mm	搅拌针锥角 γ /(°)	搅拌针顶端直径 d_1 /mm	搅拌针底端直径 d_2 /mm
36	2.5	11	8.5	6	15	7

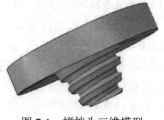

图 7-1　搅拌头三维模型

基于 SolidWorks 建立搅拌头几何模型，将"STEP"格式的完整形貌搅拌头三维模型导入 ABAQUS 中，如图 7-1 所示。

2. 焊件几何模型

焊件的尺寸为 120mm×100mm×18mm。在焊件几何建模过程中，拉格朗日三维可变形实体尺寸与实际焊件尺寸相同，为 120mm×100mm×18mm。在欧拉体建模过程中，考虑到双侧复合 FSW 过程中搅拌头从两侧同时压入焊件，材料从焊件双侧表面溢出，在焊件双侧建立 3mm 厚的欧拉体空层为保证材料有足够的空间流动。所以欧拉体的尺寸最终确定为 120mm×100mm×24mm，三维模型如图 7-2 所示。

图 7-2   焊件欧拉体三维模型

双侧复合 FSW 模型的装配包括欧拉体焊件、拉格朗日三维可变形实体焊件和双侧搅拌头四个装配件，如图 7-3 所示。通过装配定义各个零件的相对位置关系。欧拉体与三维可变形实体底面完全重合，搅拌头初始位置位于距离焊件左边 25mm 的中心线位置。搅拌针底面与三维可变形实体表面重合。

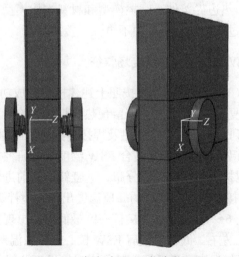

图 7-3   双侧复合 FSW 仿真装配图

7.1.2　机械边界条件设定

基于 ABAQUS 前处理"边界条件设定"模块，限制焊件和搅拌头的自由度，模拟焊接加工过程中焊件和两侧搅拌头的运动方式。

1. 焊件机械边界条件设定

为减少装配误差，重型火箭燃料贮箱采用立式焊装工艺，焊件采用过定位方式固定，搅拌头在焊件两侧进行下压和焊接进给运动，完成焊接加工过程。在双侧复合 FSW 仿真研究中，在 ABAQUS 前处理模块中分别将欧拉体焊件底面、左右欧拉面和前后欧拉面设定为几何集。选择"载荷"→"边界条件"模块，将底面设为完全固定约束，并设定前后欧拉面沿 Z 轴的流入流出速度 V_3 为 0，左右欧拉面沿 Y 轴的流入流出速度 V_2 为 0，通过上述设定使焊件完全固定。

2. 搅拌头机械边界条件设定

选择 ABAQUS 前处理"载荷"→"边界条件"模块，对参考点的几何集设定机械边界条件的约束，以限制搅拌头在焊接过程中的自由度。

下压、停留预热及焊接进给阶段的搅拌头运动不同，所以搅拌头的机械边界条件分别在分析步 1、2、3 中设定。在双侧复合 FSW 仿真模型的建立中，将搅拌头设定为"刚体约束"，将两侧搅拌头旋转轴上任意一点设定为参考点，即几何集 rp_1，用参考点的运动代表搅拌头在仿真中的焊接运动。在机械边界条件设定界面选定几何集 rp_1 并设定运动参数，实现搅拌头焊接运动的模拟。

在建立双侧复合 FSW 仿真模型中，所用的材料参数模型、质量缩放、网格划分方法、产热机理、热边界条件、摩擦模型和材料本构模型等关键设置步骤与单轴肩 FSW 仿真建模过程相同，本章中不再一一赘述。

7.1.3　双侧复合 FSW 仿真实现及温度场特征

基于 ABAQUS/CEL 前处理模块，按照上述建模步骤成功建立并实现了 18mm 厚 2219 铝合金双侧复合 FSW 下压、停留预热和焊接进给阶段的仿真模拟，基于 ABAQUS 后处理得到了下压、停留预热及焊接进给阶段的温度场云图，如图 7-4 所示。通过对 2219 铝合金厚板双侧复合 FSW 温度场的研究发现，焊接核心区温度场沿焊缝中心和搅拌头中轴线对称分布，呈哑铃形，前进侧的峰值温度略高于后退侧峰值温度。焊接核心区温度场的峰值温度出现在搅拌头轴肩下方 2～3mm、距离搅拌头中心轴线 6～7mm 处。焊接核心区最低温度出现在搅拌针底面处，核心区厚向温差为 40℃左右，低于单轴肩 FSW 核心区厚向温差。通过 ABAQUS 后处理提取了核心区峰值温度和最低温度特征点温度循环曲线如图 7-5 所示。

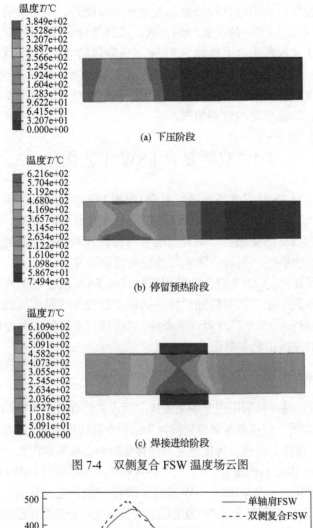

温度T/℃

(a) 下压阶段

温度T/℃

(b) 停留预热阶段

温度T/℃

(c) 焊接进给阶段

图 7-4　双侧复合 FSW 温度场云图

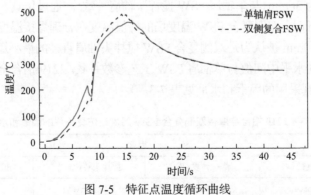

图 7-5　特征点温度循环曲线

从图 7-5 中可以看出，特征点温度循环曲线的变化趋势与单轴肩 FSW 特征点的温度循环曲线变化趋势大致相同。在搅拌头下压阶段，焊接核心区温度缓慢上升，当轴肩接触焊件表面时，特征点温度循环曲线陡升，说明轴肩与焊件的摩擦产热仍然是双侧复合 FSW 的主要产热方式。双侧复合 FSW 下压阶段峰值温度略高于相同焊接工艺参数组合下单轴肩 FSW 下压阶段的峰值温度，这是因为双侧复合 FSW 两侧轴肩和两侧搅拌针同时与焊件摩擦产热，导致焊接热输入量增大。特征点的峰值温度出现在下压阶段结束和停留预热阶段结束时刻，这与单轴肩 FSW 核心区温度达到峰值温度的时刻相同。

7.2　双侧复合 FSW 工艺优化

通过对单轴肩 FSW 温度场的研究发现，焊接工艺参数和搅拌头结构参数直接影响焊接温度场，进而影响焊件的焊接质量。对于双侧复合 FSW，焊接工艺参数和搅拌头结构参数对温度场的影响规律尚不明确，且两侧搅拌头的旋转方向也会对焊接温度场产生影响，但这一影响规律尚未得到研究。

本节基于所建立的 2219 铝合金厚板双侧复合 FSW 温度场仿真模型，并结合正交实验法，研究焊接工艺参数和搅拌头结构参数对焊接温度场的影响。以合理焊接温度区间（438.4～519.2℃）为约束条件，以焊接核心区厚向温差最小为优化目标，探究较优的焊接工艺参数组合。

7.2.1　正交设计方案

正交实验设计是一种利用正交表来安排多因素实验并分析实验结果的方法。单轴肩 FSW 研究表明，焊接温度场受到搅拌头结构参数和焊接工艺参数的综合影响。考虑轴肩直径、搅拌头转速、焊接速度和搅拌头旋向四种影响因素，设计四因素三水平的正交实验。由于双侧复合 FSW 的产热量明显高于单轴肩 FSW，轴肩直径的水平上限值设定为 36mm（与单轴肩 FSW 搅拌头轴肩一致）。通过仿真实验发现，当轴肩直径为 20mm 时，双侧复合 FSW 温度场的峰值温度在合理焊接温度区间的下限值附近浮动，故 20mm 被认为是双侧复合 FSW 搅拌头轴肩直径的最小尺寸。焊接速度和搅拌头转速的水平中间值与单轴肩 FSW 工艺参数一致。2219 铝合金厚板双侧复合 FSW 温度场仿真采用的因素和水平见表 7-3。

表 7-3　2219 铝合金厚板双侧复合 FSW 温度场仿真采用的因素和水平

水平	因素			
	轴肩直径(A)	焊接速度(B)	搅拌头转速(C)	搅拌头旋向(D)
1	20mm(A_1)	70mm/min(B_1)	350r/min(C_1)	同顺(D_1)
2	28mm(A_2)	100mm/min(B_2)	400r/min(C_2)	左顺右逆(D_2)
3	36mm(A_3)	130mm/min(B_3)	450r/min(C_3)	同逆(D_3)

各因素自由度之和为因素个数×(水平数-1)=4×(3-1)=8，小于 $L_{18}(3^7)$ 总自由度 18-1=17，选用正交表为 $L_{18}(3^7)$。

7.2.2 仿真结果

基于所建立的 2219 铝合金厚板双侧复合 FSW 温度场仿真模型，并依据正交实验设计方案，完成了 18 组不同焊接工艺参数和搅拌头结构参数组合下的双侧复合 FSW 温度场仿真模拟。通过 ABAQUS 后处理，分别提取了双侧复合 FSW 核心区温度场的峰值温度和最低温度，并计算出厚向温差，结果如表 7-4 所示。

表 7-4　18 组温度场仿真所用参数及仿真结果

序号	轴肩直径(A)	焊接速度(B)	搅拌头转速(C)	搅拌头旋向(D)	左侧峰值温度/℃	右侧峰值温度/℃	最低温度/℃	厚向温差/℃
1	A_1	B_1	C_1	D_1	348.1	352.1	315.9	36.2
2	A_1	B_2	C_2	D_2	391.2	355.1	335.1	56.1
3	A_1	B_3	C_3	D_3	426.3	432.0	346.4	85.6
4	A_2	B_1	C_1	D_2	499.8	522.2	464.1	58.1
5	A_2	B_2	C_2	D_3	522.6	531.3	510.1	21.2
6	A_2	B_3	C_3	D_1	514.1	536.5	452.4	84.1
7	A_3	B_1	C_2	D_1	458.4	447.6	418.5	39.9
8	A_3	B_2	C_3	D_2	441.5	429.3	421.3	20.2
9	A_3	B_3	C_1	D_3	452.3	454.7	423.4	31.3
10	A_1	B_1	C_3	D_3	415.3	417.9	363.9	54.0
11	A_1	B_2	C_1	D_1	358.6	364.6	323.2	41.4
12	A_1	B_3	C_2	D_2	397.9	433.6	351.6	82.0
13	A_2	B_1	C_2	D_2	555.9	566.9	524.6	42.3
14	A_2	B_2	C_3	D_1	528.5	536.5	461.8	74.7
15	A_2	B_3	C_1	D_3	501.6	532.3	455.5	76.8
16	A_3	B_1	C_3	D_2	460.2	446.9	427.1	33.1
17	A_3	B_2	C_1	D_3	451.7	442.5	447.8	3.9
18	A_3	B_3	C_2	D_1	477.2	505.7	419.3	86.4

7.2.3 方差分析

方差分析是通过研究不同来源的变异对总变异的贡献，确定可控因素对研究结果影响力。本节基于方差分析法，探究焊接速度、轴肩直径、搅拌头旋向和搅拌头转速对 2219 铝合金厚板双侧复合 FSW 核心区厚向温差的影响程度。

1. 模型与建立假设

方差分析模型如下：

$$y_{abcd} = \mu + \alpha_a + \beta_b + \chi_c + \delta_d + \phi_{abcd}$$
$$a = 1,2,3; \ b = 1,2,3; \ c = 1,2,3; \ d = 1,2,3 \tag{7-1}$$

式中，y_{abcd} 表示因素 A、B、C、D 分别在第 a、b、c、d 水平下的观测值；μ 表示总体的平均水平；α_a、β_b、χ_c、δ_d 分别表示因素 A、B、C、D 分别在第 a、b、c、d 水平下对应变量的附加效应，并满足 $\sum_{a=1}^{3}\alpha_a = 0$，$\sum_{b=1}^{3}\beta_b = 0$，$\sum_{c=1}^{3}\chi_c = 0$ 和 $\sum_{d=1}^{3}\delta_d = 0$；$\phi_{abcd}$ 为一个服从正态分布 $N(0,\sigma^2)$ 的随机变量，代表随机误差。

检验因素 A 是否起作用其实就是检验 α_a 是否均为 0，如果都为 0，则因素 A 所对应的各组总体均值都相等，因素 A 的作用不显著。因素 B、C、D 与因素 A 的分析过程类似。因此，原假设与备择假设如下：

因素 A　H_{A0}：$\alpha_1 = \alpha_2 = \alpha_3$；$H_{A1}$：$\alpha_a$ 不全相等；
因素 B　H_{B0}：$\beta_1 = \beta_2 = \beta_3$；$H_{B1}$：$\beta_b$ 不全相等；
因素 C　H_{C0}：$\chi_1 = \chi_2 = \chi_3$；H_{C1}：χ_c 不全相等；
因素 D　H_{D0}：$\delta_1 = \delta_2 = \delta_3$；$H_{D1}$：$\delta_d$ 不全相等。

2. 构造 F 检验统计量

温度场仿真结果与统计如表 7-5 和表 7-6 所示。

表 7-5　温度场仿真结果

序号	因素				厚向温差 y_i /℃
	轴肩直径(A)	焊接速度(B)	搅拌头转(C)	搅拌头旋向(D)	
1	A_1	B_1	C_1	D_1	36.20
2	A_1	B_2	C_2	D_2	56.10
3	A_1	B_3	C_3	D_3	85.60
4	A_2	B_1	C_1	D_2	58.10
5	A_2	B_2	C_2	D_3	21.20
6	A_2	B_3	C_3	D_1	84.10
7	A_3	B_1	C_2	D_1	39.90
8	A_3	B_2	C_3	D_2	20.20
9	A_3	B_3	C_1	D_3	31.30

续表

序号	因素				厚向温差 y_i /℃
	轴肩直径(A)	焊接速度(B)	搅拌头转(C)	搅拌头旋向(D)	
10	A_1	B_1	C_3	D_3	54.00
11	A_1	B_2	C_1	D_1	41.40
12	A_1	B_3	C_2	D_2	82.00
13	A_2	B_1	C_2	D_3	42.30
14	A_2	B_2	C_3	D_1	74.70
15	A_2	B_3	C_1	D_2	76.80
16	A_3	B_1	C_3	D_2	33.10
17	A_3	B_2	C_1	D_3	9.20
18	A_3	B_3	C_2	D_1	86.40
合计	T=927.30，T 为 18 组仿真指标之和				

表 7-6　温度场仿真结果统计

统计值	因素			
	轴肩直径(A)	焊接速度(B)	搅拌头转(C)	搅拌头旋向(D)
T_1/℃	355.30	263.60	247.70	362.70
T_2/℃	357.20	217.50	327.90	326.30
T_3/℃	214.80	446.20	351.70	238.30
$\bar{x}_1$ /℃	59.21	43.93	41.28	60.45
$\bar{x}_2$ /℃	56.50	36.25	54.65	54.38
$\bar{x}_3$ /℃	35.80	74.37	58.62	39.72

注：T_i 为各因素同一水平仿真指标之和，$\bar{x}_i$ 为各因素同一水平仿真指标的平均数。

　　总平方和 SS_T 分解为五部分：SS_A、SS_B、SS_C、SS_D、SS_e，以分别反映因素 A、B、C、D 的组间差异和随机误差的离散状况，因此进行方差分析时平方和与自由度分解式分别为

$$SS_T = SS_A + SS_B + SS_C + SS_D + SS_e \qquad (7\text{-}2)$$

$$df_T = df_A + df_B + df_C + df_D + df_e \qquad (7\text{-}3)$$

用 N 表示仿真数；a、b、c、d 分别表示 A、B、C、D 因素的水平数；k_a、k_b、k_c、k_d 分别表示 A、B、C、D 因素的水平重复数。

　　总平方和与各因素平方和公式如下：

$$SS_T = \sum_{i=1}^{N}(y_i - \bar{y})^2 = \sum_{i=1}^{N} y_i^2 - \frac{1}{N}\left(\sum_{i=1}^{N} y_i\right)^2$$

$$SS_A = \sum_{i=1}^{a} T_{Ai}^2 / k_a - \frac{1}{N}\left(\sum_{i=1}^{N} y_i\right)^2$$

$$SS_B = \sum_{i=1}^{b} T_{Bi}^2 / k_b - \frac{1}{N}\left(\sum_{i=1}^{N} y_i\right)^2 \tag{7-4}$$

$$SS_C = \sum_{i=1}^{c} T_{Ci}^2 / k_c - \frac{1}{N}\left(\sum_{i=1}^{N} y_i\right)^2$$

$$SS_D = \sum_{i=1}^{d} T_{Di}^2 / k_d - \frac{1}{N}\left(\sum_{i=1}^{N} y_i\right)^2$$

误差平方和公式如下：

$$SS_e = SS_T - SS_A - SS_B - SS_C - SS_D \tag{7-5}$$

总自由度与各因素自由度公式如下：

$$df_T = N - 1$$
$$df_A = a - 1$$
$$df_B = b - 1 \tag{7-6}$$
$$df_C = c - 1$$
$$df_D = d - 1$$

误差自由度公式如下：

$$df_e = df_T - df_A - df_B - df_C - df_D \tag{7-7}$$

其中，$N = 18$，$a = b = c = d = 3$，$k_a = k_b = k_c = k_d = 6$。

通过平方和与自由度公式计算出均方值，从而获得各因素的 F 检验值。方差分析结果如表 7-7 所示。由表 7-7 可得，焊接工艺参数和搅拌头结构参数对核心区厚向温差影响的主次顺序为：焊接速度>轴肩直径>搅拌头旋向>搅拌头转速。

F 检验临界值取 0.01，根据统计量自由度与临界值查找 F 临界值表得 F 的临界值为 9.55。

表 7-7　方差分析结果

变异来源	SS	df	MS	F	$F_{0.01}(2,7)$
轴肩直径(A)	2223.42	2.00	1111.71	4.76	9.55
焊接速度(B)	4876.19	2.00	2438.10	10.43	
搅拌头转速(C)	989.69	2.00	494.85	2.12	
搅拌头旋向(D)	1363.57	2.00	681.79	2.92	
误差	1635.70	7.00	233.67		
总变异	11088.57	17.00			

3. 判断与结论

$F_A < F_{0.01}(2,7)$，故不能拒绝原假设 H_{A0}，即轴肩直径对双侧复合 FSW 核心区厚向温差没有显著影响。

$F_B > F_{0.01}(2,7)$，故拒绝原假设 H_{B0}，即焊接速度对双侧复合 FSW 核心区厚向温差影响显著。

$F_C < F_{0.01}(2,7)$，故不能拒绝原假设 H_{C0}，即搅拌头转速对双侧复合 FSW 核心区厚向温差没有显著影响。

$F_D < F_{0.01}(2,7)$，故不能拒绝原假设 H_{D0}，即搅拌头旋向对双侧复合 FSW 核心区厚向温差没有显著影响。

将 18 组仿真实验焊接核心区峰值温度、最低温度和厚向温差数据导入 Origin 中，核心区左侧峰值温度 T_{max1}、右侧峰值温度 T_{max2} 和最低温度 T_{min} 如图 7-6 所示，

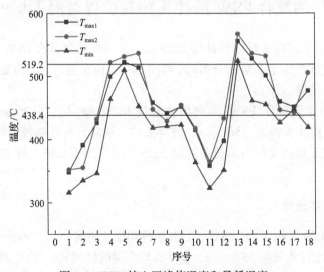

图 7-6　FSW 核心区峰值温度和最低温度

FSW 核心区厚向温差如图 7-7 所示。

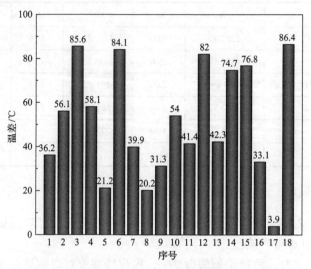

图 7-7　FSW 核心区厚向温差

根据 FSW 合理焊接温度区间（438.4～519.2℃）的约束条件，以核心区厚向温差最小为优化目标，得出第 17 组焊接工艺参数组合，即轴肩直径 36mm、焊接速度 100mm/min、搅拌头转速 350r/min、搅拌头均为逆时针旋转（搅拌头螺纹旋向为顺时针）为较优的焊接工艺参数组合。在该组合下，2219 铝合金厚板双侧复合 FSW 核心区峰值温度为 451.7℃，核心区厚向温差为 3.9℃。

7.3　双侧复合 FSW 搅拌头相对位置对温度场的影响

7.1 节进行了搅拌头对称布置的 2219 铝合金厚板双侧复合 FSW 温度场研究，但当焊件两侧搅拌头呈非对称分布时，即搅拌头错位布置时，双侧复合 FSW 温度分布规律尚不清楚。

本节基于双侧复合 FSW 温度场仿真技术，在轴肩直径 36mm、焊接速度 100mm/min、搅拌头转速 350r/min、搅拌头均为逆时针旋转的较优焊接工艺参数组合下，探究了双侧搅拌头错位布置时 2219 铝合金厚板双侧复合 FSW 温度分布规律。

7.3.1　仿真方案设计

基于较优的双侧复合 FSW 工艺参数组合（轴肩直径 36mm、焊接速度 100mm/min、搅拌头转速 350r/min、搅拌头均为逆时针旋转），建立双侧复合 FSW 温度场仿真模型。采用控制单一变量的方法，探究双侧搅拌头中心轴线相对距离变化对核心区温度的影响，仿真方案如表 7-8 所示。

表 7-8 仿真方案

序号	轴肩直径 D /mm	搅拌头转速 n /(r/min)	焊接速度 v /(mm/min)	搅拌头旋向	相对距离 Δ /mm
1	36	350	100	同逆	0
2	36	350	100	同逆	2.5
3	36	350	100	同逆	5
4	36	350	100	同逆	7.5
5	36	350	100	同逆	10

基于上述五种仿真实验方案，分别建立了双侧复合 FSW 温度场仿真模型，装配图如图 7-8 所示。

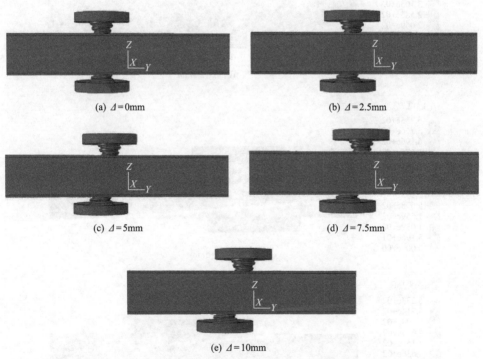

(a) Δ=0mm (b) Δ=2.5mm

(c) Δ=5mm (d) Δ=7.5mm

(e) Δ=10mm

图 7-8 双侧搅拌头中心轴线不同相对距离的 FSW 装配图

7.3.2 仿真结果及分析

通过 ABAQUS 仿真得到了五种不同搅拌头中心轴线相对距离下的焊接温度场云图（t=12.5s），如图 7-9 所示。

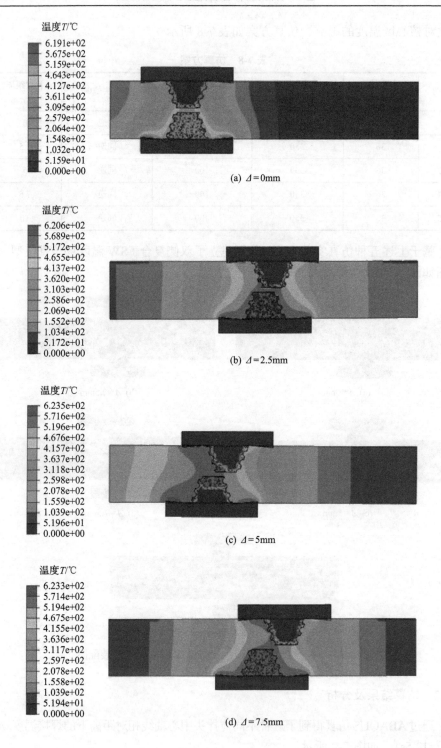

温度T/℃

6.191e+02
5.675e+02
5.159e+02
4.643e+02
4.127e+02
3.611e+02
3.095e+02
2.579e+02
2.064e+02
1.548e+02
1.032e+02
5.159e+01
0.000e+00

(a) Δ=0mm

温度T/℃

6.206e+02
5.689e+02
5.172e+02
4.655e+02
4.137e+02
3.620e+02
3.103e+02
2.586e+02
2.069e+02
1.552e+02
1.034e+02
5.172e+01
0.000e+00

(b) Δ=2.5mm

温度T/℃

6.235e+02
5.716e+02
5.196e+02
4.676e+02
4.157e+02
3.637e+02
3.118e+02
2.598e+02
2.078e+02
1.559e+02
1.039e+02
5.196e+01
0.000e+00

(c) Δ=5mm

温度T/℃

6.233e+02
5.714e+02
5.194e+02
4.675e+02
4.155e+02
3.636e+02
3.117e+02
2.597e+02
2.078e+02
1.558e+02
1.039e+02
5.194e+01
0.000e+00

(d) Δ=7.5mm

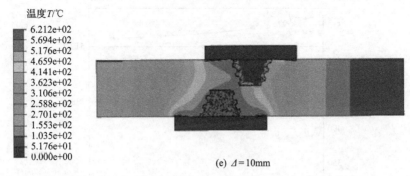

(e) $\Delta = 10\text{mm}$

图 7-9   双侧搅拌头轴线不同相对距离 FSW 温度场云图

分析温度场云图发现，当双侧搅拌头呈对称布置时（搅拌头相对距离为 0mm），双侧复合 FSW 温度场呈对称式分布，核心区温度场峰值温度所在的位置与单轴肩 FSW 相同，分别出现在轴肩下方 2～3mm 处。而焊接核心区最低温度出现在搅拌针底面处，这与单轴肩 FSW 明显不同。双侧搅拌头错位布置下的 FSW 温度场与对称布置的双侧复合 FSW 温度场显著不同，温度场整体呈 "λ" 形分布。将 "错位" 双侧复合 FSW 温度场划分为 A、B、C、D、E 和 F 六个区域，如图 7-10 所示，分别提取不同区域特征点的温度循环曲线在停留预热阶段结束时刻（$t=12.5\text{s}$）的温度值，如表 7-9 所示。核心区峰值温度、最低温度和厚向温差如图 7-11 和图 7-12 所示。

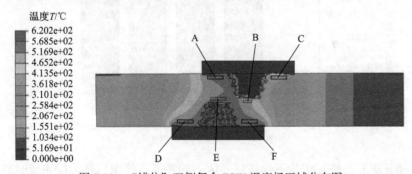

图 7-10   "错位" 双侧复合 FSW 温度场区域分布图

表 7-9   焊接核心区特征点温度（$t=12.5\text{s}$）　　　　　　（单位：℃）

序号	A	B	C	D	E	F	厚向温差
1	451.7	447.8	450.2	442.5	446.3	449.6	3.9
2	509.2	536.3	452.2	539.6	535.8	546.2	94.0
3	516.5	529.3	432.4	526.7	529.6	537.7	105.3
4	526.1	498.6	426.2	523.2	522.5	534.9	108.7
5	530.1	487.5	417.7	521.5	519.1	529.3	112.4

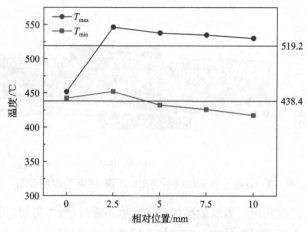

图 7-11　核心区峰值温度和最低温度

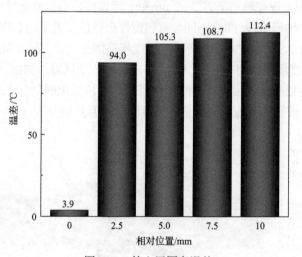

图 7-12　核心区厚向温差

通过分析五组仿真实验下焊接核心区不同特征点停留预热阶段完成时刻温度数据发现，随着搅拌头相对距离的增大，A 区域的温度上升。这是因为相对距离越大，搅拌头轴肩与另一侧搅拌针的底面重合面积增大，使得轴肩和搅拌针底面所围成区域产热增多，进而使得 A 区域温度增加。对比后四组仿真结果发现上侧搅拌针底部（B 区域）的温度随着相对距离增加而出现小幅度下降，处在较前位置的搅拌针轴肩区域（C 区域）的温度随着相对距离增加而明显降低，C 区域在搅拌头错位布置的双侧复合 FSW 中起到了预热前方材料的作用，其温度较 A、D、F 等轴肩区域低 70℃左右。下侧搅拌头轴肩（D、F 区域）的温度随着相对距离增加而略有降低，从 1、2 组仿真实验可以发现，当搅拌头相对位置在 2.5mm 以内时，两侧搅拌针底部温度（B、E 区域）几乎相同，而从 3、4、5 组仿真实验可以看出，随着搅拌头相对距离的增大，B 区域的温度逐渐低于 E 区域。

考虑到 2219 铝合金 FSW 合理焊接温度区间（438.4～519.2℃）的约束，双侧复合 FSW 搅拌头的错位布置会使焊接核心区峰值温度显著升高，超出合理焊接温度区间的上限值，同时也会使温差显著增大。从图 7-11 和图 7-12 可以发现，搅拌头错位布置时的峰值温度和厚向温差相比于搅拌头对称布置有显著增加。因此，双侧搅拌头对称布置为双侧复合 FSW 较优的焊接工艺。

7.4　本 章 小 结

本章针对 2219 铝合金厚板 FSW，提出了双侧复合 FSW 工艺，基于 ABAQUS/CEL 建立了 2219 铝合金厚板双侧复合 FSW 温度场仿真模型，研究了焊接工艺参数对双侧复合 FSW 温度场的影响。研究表明，双侧复合 FSW 核心区温度场呈"哑铃形"，沿焊缝中心呈对称分布。

通过考虑轴肩直径、搅拌头转速、焊接速度和搅拌头旋向四种因素，进行了四因素三水平正交仿真实验，确定了焊接工艺参数和搅拌头结构参数影响焊接温度场的主次顺序为：焊接速度>轴肩直径>搅拌头旋向>搅拌头转速。以 2219 铝合金 FSW 合理焊接温度区间（438.4～519.2℃）为约束条件，以焊接核心区厚向温差最小为优化目标，实现了 2219 铝合金厚板双侧复合 FSW 工艺优化，发现当轴肩直径为 36mm、焊接速度为 100mm/min、搅拌头转速为 350r/min、搅拌头均为逆时针旋转（搅拌头螺纹旋向为顺时针）时的焊接工艺参数组合较优。

此外，基于 2219 铝合金厚板双侧复合 FSW 温度场仿真模型分析发现，搅拌头错位布置时双侧复合 FSW 的温度场呈"λ"形分布，焊接核心区厚向温差随搅拌头相对距离增大而显著增大，双侧搅拌头对称布置是较合理的布置方式。

本章属于 FSW 工艺创新性探索，为厚板 FSW 工艺研究拓展了新思路。

参 考 文 献

[1] Meng X C, Huang Y X, Cao J, et al. Recent progress on control strategies for inherent issues in friction stir welding[J]. Progress in Materials Science, 2021, 115: 100706.

[2] 李超，马康，郝云飞，等. 2219 铝合金双轴肩搅拌摩擦焊工艺及工程应用[J]. 焊接, 2021, (5): 52-57,66.

[3] 王俊玖，尹德猛，李充，等. 6082-T6 铝合金双轴肩搅拌摩擦焊接头组织与性能研究[J]. 热加工工艺, 2023, 52(3): 53-56.

[4] Liu F J, Liu J B, Ji Y, et al. Microstructure, mechanical properties, and corrosion resistance of friction stir welded Mg-Al-Zn alloy thick plate joints[J]. Welding in the World, 2021, 65(2): 229-241.

[5] 杜正勇. 2219 铝合金双轴肩搅拌摩擦焊工艺优化及接头组织性能研究[D]. 哈尔滨: 哈尔滨工业大学, 2018.

[6] 夏佩云, 尹玉环, 赵慧慧, 等. 厚板双轴肩搅拌摩擦焊温度场及流场数值模拟[J]. 电焊机, 2018, 48(3): 294-299.

[7] Zhao S, Bi Q Z, Wang Y H, et al. Empirical modeling for the effects of welding factors on tensile properties of bobbin tool friction stir-welded 2219-T87 aluminum alloy[J]. The International Journal of Advanced Manufacturing Technology, 2017, 90(1-4): 1105-1118.

[8] Chu Q, Li W Y, Wu D, et al. In-depth understanding of material flow behavior and refinement mechanism during bobbin tool friction stir welding[J]. International Journal of Machine Tools and Manufacture, 2021, 171: 103816.

[9] Liu X C, Li W Y, Gao Y J, et al. Material flow behavior during bobbin-tool friction stir welding of aluminum alloy[J]. Transactions of the China Welding Institution, 2021, 42(3): 48-56.

[10] Wang Z L, Zhang Z, Xue P, et al. Defect formation, microstructure evolution, and mechanical properties of bobbin tool friction-stir welded 2219-T8 alloy[J]. Materials Science and Engineering: A, 2022, 832: 142414.

[11] Asadi P, Mirzaei M, Akbari M. Modeling of pin shape effects in bobbin tool FSW[J]. International Journal of Lightweight Materials and Manufacture, 2022, 5(2): 162-177.

第8章 2219铝合金厚板FSW核心区极值温度监测

FSW过程中实时监测核心区温度，能够为后续基于核心区温度的FSW过程控制奠定基础，从而达到保证接头力学性能的目的。FSW核心区温度获取方法分为实验法和数值分析法。

实验法主要有四种：通过接头微观组织推测焊接过程温度分布的方法、热电偶测温法、红外热像仪测温法及超声测温法。通过接头微观组织推测焊接过程温度分布的方法只能大体推测部分区域的温度范围，无法获取准确的温度数值，且具有滞后性，难以在焊接过程中应用；热电偶测温法会破坏焊件或搅拌头结构，且焊件和搅拌头能布置的热电偶数量有限，焊接过程中获得的温度数据有限，工程实用性不强；红外热像仪测温法测温条件苛刻，焊件表面质量以及测量环境都会影响焊件表面辐射率，进而影响测温精度，且只能测得焊件表面温度分布，无法获得FSW核心区温度[1]；超声测温法受限于焊件型面平整度，适用于相对平坦的表面[2]，工程适用性不强。

FSW温度场数值分析法可以模拟FSW全过程温度场，能够节约实验成本，获取不同工艺参数下的FSW核心区温度[3]，是实现焊接温度预测和焊接工艺参数优选的有效技术手段。但FSW温度场数值分析法需要精确的边界条件设定，以保证温度场模拟结果的准确性，且耗时长[3]。

综上，现有的FSW核心区温度获取方法均存在局限性，难以实现FSW过程核心区温度监测。本章将FSW温度场数值分析法与实验法相结合，提出一种基于表面温度与核心区极值温度关联关系的核心区温度监测方法。首先基于红外测温原理，分析铝合金FSW时的红外测温难点，通过在焊件表面涂高辐射率涂层以及合理选择测温位置的方法实现焊接时被测表面温度的高精度测量；然后，基于DEFORM-3D建立2219铝合金厚板FSW温度场仿真模型，实现下压、停留预热、焊接进给、退出阶段的温度场仿真；提取焊件表面特征点与核心区极值温度的温度数据，结合SVR算法，建立核心区极值温度预测模型；FSW过程中使用红外热像仪实时测量焊件表面特征点温度，结合所建立的核心区极值温度预测模型，实现FSW核心区极值温度的在位表征；最后，开发FSW核心区极值温度在位表征系统，实现了FSW过程中核心区极值温度的在线监测。

8.1　基于红外热像仪的 FSW 焊件表面温度高精度测量

红外测温是一种非接触性且无损的测温方式。本节使用红外热像仪对 FSW 过程中的焊件表面温度进行测量。但这种测温方法在被测表面辐射率小、被测环境周围热辐射干扰强的情况下测得的温度数据精度较差。因此，本节结合 FSW 加工现场的实际情况，具体分析 FSW 加工过程中影响红外测温精度的几种主要原因，并给出解决方法，最后开展 FSW 焊件表面温度测量实验，证实红外测温应用在 FSW 加工过程中的可行性。

8.1.1　红外测温原理

温度处于绝对零度(−273.15℃)以上的任何物体，其内部的分子与原子会不断地进行不规则的运动并以电磁波的形式向外界辐射能量，红外光波根据波长范围又能进一步分成近红外、中红外、远红外和极远红外四种类型。任何温度高于绝对零度的物体都会向外发射红外辐射，并且物体向外发射的红外辐射强度同自身温度相关，物体温度越高其辐射能量越大。红外热像仪能够捕捉物体发出的红外辐射并将其转化为可见光图像，这种图像实际上是被测物体表面的红外辐射强度图，物体向外发射的辐射能大小可由斯特藩-玻尔兹曼定律描述：

$$M = \varepsilon \sigma T^4 \tag{8-1}$$

式中，$\sigma = 5.6697 \times 10^{-8} \ \text{W}/(\text{m}^2 \cdot \text{K}^4)$ 是斯特藩-玻尔兹曼常数；T 是物体的开氏温度；ε 是物体表面的辐射率系数，是一个无量纲量，指物体在指定温度下的辐射量同黑体辐射量的比值。黑体是能够吸收全部外来的辐射并且没有任何反射与透射的理想化物体，黑体的辐射率是 1，但实际中任何物体的辐射率都小于 1。

外界环境投射在物体表面的热辐射可以被吸收、反射和透射。使用吸收率 α、反射率 ρ、透射率 τ 描述这三种现象，三者之间存在关系如下：

$$\alpha + \rho + \tau = 1 \tag{8-2}$$

根据基尔霍夫定律，处在热平衡状态时实际物体吸收率等于其辐射率，即 $\alpha = \varepsilon$，对于不透明的材料 $\tau = 0$，可以得到

$$\varepsilon + \rho = 1 \tag{8-3}$$

当使用热像仪测量物体表面温度时，热像仪镜头捕捉到的不仅仅是物体自身的辐射。如图 8-1 所示，来自周围环境的热辐射经物体表面会被反射，物体发出的辐射同反射的环境辐射经大气发生衰减，同时大气本身也是一种辐射源，因此使用热像仪在测量时除了被测物体自身的辐射外，环境辐射与大气辐射也会被相机的光学

系统捕捉，并在探测器上形成电信号，热像仪捕捉红外辐射的响应电信号可表示为

$$f(T_r) = \tau_\alpha \varepsilon f(T) + \tau_\alpha (1-\varepsilon) f(T_\mu) + (1-\tau_\alpha) f(T_a) \tag{8-4}$$

式中，T_r 为热像仪示值温度；T 为被测物体表面温度；T_μ 为环境温度；T_a 为大气温度，τ_α 为大气透射率；$1-\varepsilon$ 为物体的反射率；$1-\tau_\alpha$ 为大气的辐射率。式 (8-4) 右侧的三项分别表示物体的热辐射、物体反射的热辐射和大气辐射。当被测物体与热像仪之间的距离较小时，大气的影响可以忽略不计，此时可认为 $\tau_\alpha = 1$，则式 (8-4) 可进一步简化为

$$f(T_r) = \varepsilon f(T) + (1-\varepsilon) f(T_\mu) \tag{8-5}$$

可以看出，在使用热像仪进行近距离测温时，获得准确的辐射率并抑制周围环境的热辐射干扰对减小红外测温误差至关重要。

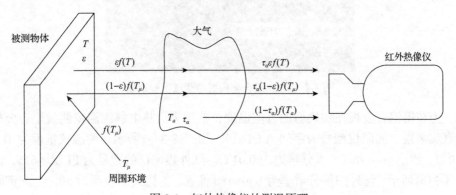

图 8-1　红外热像仪的测温原理

8.1.2　FSW 过程中红外测温精度的影响因素

本章以 2219 铝合金为研究对象，在 2219 铝合金 FSW 过程中使用红外热像仪测量了其表面的温度场。在红外测温时，获得被测材料准确的辐射率对降低测温误差至关重要。铝合金辐射率和搅拌头热辐射都会影响 FSW 焊件表面红外测温精度。

铝合金材料的辐射率较低且随温度变化。在铝合金材料的 FSW 过程中，铝合金材料的低辐射率以及温度变化导致的辐射率不稳定会增大红外测温误差。测量物体表面辐射率的方法较多，一般常用的有双参考体法、双温度法、双背景法和热电偶法[4]。本节使用热电偶法获得 2219 铝合金辐射率随温度的变化规律。这种方法主要通过红外热像仪确定被测物体的辐射率，通常的步骤是先加热工件，使用热电偶测量被测面的真实温度，在 0～1 范围内调整红外热像仪的辐射率，直至红外热像仪测得温度等于真实温度，得到被测物体在该温度下的辐射率。

在 2219 铝合金辐射率测试实验中使用电磁感应加热设备对钢制传热棒进行加热，传热棒一端通过法兰盘与 2219 铝合金板相连，待感应加热设备启动后，感应线圈内产生交变磁场，传热棒被磁场切割产生交变的电流（涡流），涡流使得传热棒内部的原子高速运动并相互碰撞摩擦，从而产热使得传热棒温度快速上升，热量通过热传导的方式传递到铝合金板上，将红外热像仪布置在铝合金板的前方，实验现场如图 8-2 所示。

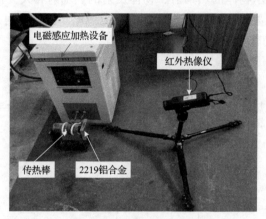

图 8-2　2219 铝合金辐射率测试实验现场

为获得铝合金板在加热后的真实温度，使用表面热电偶测温仪测量铝合金板的真实温度，测温仪型号为宇问 YET610，如图 8-3(a) 所示。测温仪量程为 0～500℃，测温精度为±1℃，分辨力为 0.01℃。红外热像仪的型号为 FLIR A615，如图 8-3(b) 所示，红外图像分辨率为 640×480 像素，支持最高帧频为 50Hz，光谱响应范围为 7.5～14μm，温度测量范围为 20～2000℃，热灵敏度为 0.05℃，测量精度为±2℃或±2%。

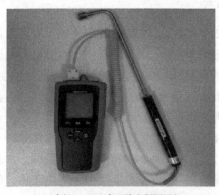 

(a) 宇问YET610表面热电偶测温仪　　　　　　　　(b) FLIR A615红外热像仪

图 8-3　实验仪器

在实验过程中，使用电磁感应加热设备将铝板表面逐步加热至 350℃，其间不断使用表面热电偶测温仪测量铝板的表面温度，以便于实验后对热像仪测温结果进行分析。实验后，从 50℃ 开始每隔 30℃ 调整红外热像仪的辐射率，使得热像仪示值温度与热电偶测温结果一致，获得的 2219 铝合金辐射率随温度的变化曲线如图 8-4 所示。

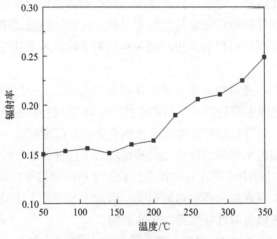

图 8-4　辐射率随温度的变化曲线图

从图 8-4 中可以看出，2219 铝合金的辐射率随温度变化，辐射率整体上呈现出随温度上升而不断增大的趋势。因此，在使用红外热像仪直接测量铝合金表面温度时，需要对铝合金的辐射率进行校正。依据本次实验结果，给出三种测温方法的测量结果，如图 8-5 所示。

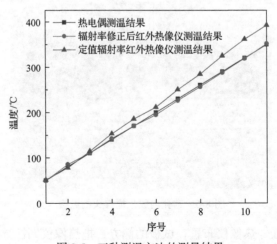

图 8-5　三种测温方法的测量结果

从图 8-5 中可以看出,在对铝合金辐射率进行修正后,红外热像仪的测温结果与热电偶测得的真实温度非常接近,其平均相对误差小于 1%。基于定值辐射率的红外热像仪测温误差随铝合金温度的升高而不断增加,最大可达 12%,因此在使用红外热像仪测量铝合金表面温度时,需要根据铝合金表面温度及时修正辐射率。

铝合金的辐射率很低,普遍在 0.1～0.3,当辐射率很低时,物体的反射率就会很高,根据红外热像仪的测温公式(8-4),此时被热像仪捕捉的环境热辐射占比更高,因此使用红外热像仪测量低辐射率材料温度时,测温结果极易受到外界辐射的干扰,此时需要严格控制周边环境的热辐射干扰,才会获得比较理想的测温结果。

在铝合金 FSW 过程中,很多学者在铝合金表面涂上一层较薄的高辐射率材料,以便在加工过程中降低环境辐射的干扰[1,5]。本节同样在铝合金表面喷涂一层薄的黑色亚光漆,来降低红外热像仪测量铝合金表面温度时的干扰。

铝合金的低辐射率和随温度变化的特性增大了这种材料红外测温的难度,除此之外,在 FSW 过程中还存在着搅拌头热辐射之类的间接干扰因素。现有的研究很少分析讨论这类因素对红外测温的影响,因此本节开展了实验研究,探究了焊接过程中搅拌头热辐射对红外测温结果的影响。

实验前准备了一块 FSW 焊后保留匙孔的 2219 铝合金试板,在匙孔内放入搅拌头。在焊缝两边喷涂黑色亚光漆提升被测表面的辐射率,使用的亚光黑漆最高耐热 500℃,经测试黑漆辐射率在 20～500℃的温度区间内保持在 0.95±0.02,试板与搅拌头如图 8-6 所示。

图 8-6　匙孔内放入搅拌头的试板

实验时,将红外热像仪布置在试板的侧方,把热像仪同搅拌头轴肩角度调整为 30°,实验现场如图 8-7 所示。

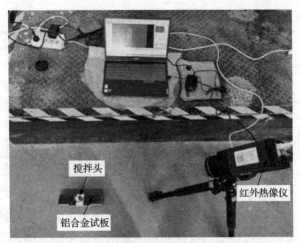

图 8-7　探究消除搅拌头热辐射影响的实验现场

使用电磁感应加热设备将试板和搅拌头加热至 250℃左右，从热像仪中读取试板的表面温度。为消除搅拌头的热辐射干扰，使用纸板遮挡搅拌头，在搅拌头中心位置依次选择三个表面特征点如图 8-8 所示，分别记录下纸板遮挡前后试板表面特征点温度。

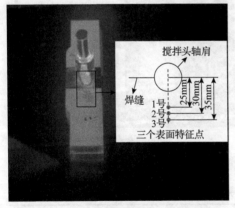

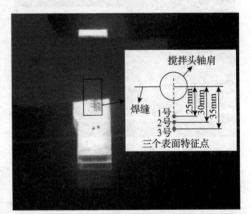

(a) 纸板遮挡前　　　　　　　　　　　　　　(b) 纸板遮挡后

图 8-8　中心特征点的位置

距离搅拌头中心 25mm、30mm、35mm 的点分别为 1 号、2 号和 3 号点，纸板遮挡前后这三个点的测温结果见表 8-1。从表中可以看出，在用纸板遮挡后，三个表面特征点的温度普遍下降大约 6℃，搅拌头热辐射引起大约 3%的测温误差。由于纸板遮挡前后时间非常短暂，试板与空气的对流散热可忽略不计。因此可以证实，在 FSW 过程中，搅拌头向外发射的辐射同样会被焊件表面反射并被热像仪的光学系统接收，最终形成测量误差。

表 8-1　有无搅拌头辐射测温结果

组数	1号点遮挡前温度/℃	1号点遮挡后温度/℃	绝对误差/℃	2号点遮挡前温度/℃	2号点遮挡后温度/℃	绝对误差/℃	3号点遮挡前温度/℃	3号点遮挡后温度/℃	绝对误差/℃
1	257.82	251.01	6.81	257.40	251.15	6.25	258.56	251.69	6.87
2	256.08	249.38	6.70	255.76	249.44	6.32	258.05	250.09	7.96
3	252.46	246.72	5.74	252.56	244.89	7.67	253.89	245.18	8.71
4	249.78	243.56	6.22	250.12	243.45	6.67	251.49	244.15	7.34
5	246.78	241.64	5.14	246.88	241.36	5.52	248.31	241.99	6.32

　　这种搅拌头的辐射干扰本质上是由被测表面的反射引起的，可以将被测表面当成一面镜子，而红外热像仪就像是眼睛，因此想要消除这种由被测表面反射引起的测量误差，可以通过调整热像仪同被测点的位置解决，换言之就是寻求一个热像仪看不到试板反射搅拌头辐射的位置。如图 8-9 所示，将原来的特征点位置处向左平移 30mm，此时特征点位置超出轴肩范围，而热像仪的位置不变，重复上述操作得到的结果如表 8-2 所示。

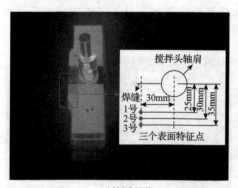
(a) 纸板遮挡前

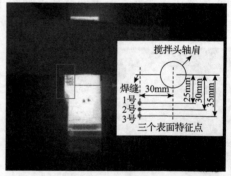
(b) 纸板遮挡后

图 8-9　边缘特征点的位置

表 8-2　轴肩外侧特征点测温结果

组数	1号点遮挡前温度/℃	1号点遮挡后温度/℃	绝对误差/℃	2号点遮挡前温度/℃	2号点遮挡后温度/℃	绝对误差/℃	3号点遮挡前温度/℃	3号点遮挡后温度/℃	绝对误差/℃
1	244.78	244.61	0.17	248.12	247.69	0.43	249.36	248.54	0.82
2	243.30	243.34	−0.04	246.11	245.06	1.05	245.78	245.91	−0.13
3	243.31	242.93	0.38	245.20	245.28	−0.08	246.78	246.37	0.41
4	240.78	240.68	0.10	243.08	242.89	0.19	244.35	243.51	0.84
5	238.02	237.50	0.52	240.58	240.37	0.21	242.15	241.23	0.92

　　从表 8-2 中可以发现在搅拌头外侧取点时，搅拌头遮挡前后表面特征点的热

像仪读数几乎不变，证实了前面的推论，因此在使用红外热像仪测量 FSW 过程中焊件的表面温度时，需要通过调整热像仪同被测表面之间的相对位置来合理地消除搅拌头的热辐射干扰。

8.1.3   FSW 焊件表面温度测量实验

为验证红外热像仪在 FSW 过程中测量铝合金表面温度的可行性，进行了 FSW 实验。实验中使用的焊件尺寸为 400mm×120mm×18mm，材料为 2219 铝合金，使用的搅拌头轴肩尺寸为 32mm，搅拌针长度为 17.8mm。实验现场如图 8-10 所示，通过十字连接卡扣将红外热像仪与固定于地面上的架子连接，焊接时主轴位置不变，由工作台做进给运动，热像仪同搅拌头之间没有相对位移，热像仪布置在焊件的正前方，同主轴的夹角为 30°。实验前在铝合金焊板表面喷了一层薄的黑色亚光漆以增加铝合金表面的辐射率，为防止黑漆对焊接区域造成影响，未在焊缝区域喷漆。

实验中设置搅拌头转速为 400r/min，焊接速度为 75mm/min，焊接过程中的热像仪测温结果如图 8-11 所示。从图中可以看出，焊接前进方向直接反

图 8-10   焊件表面温度测量现场

射出完整的搅拌头，证实了该处存在搅拌头的红外热辐射干扰，因此在搅拌头轴肩侧面的区域选择特征点并提取测温结果。此外，可以发现在热像图中搅拌头周围的焊件表面温度高，离轴肩越远，表面温度越低。

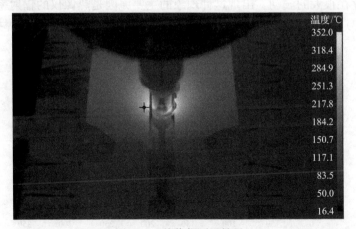

图 8-11   热像仪测温结果

在焊件表面选择如图 8-11 所示的特征点，测得焊接过程中该表面特征点的温

度循环曲线如图 8-12 所示。该特征点在焊接过程中的温度变化大致可以分为三个阶段，分别是搅拌头下压与停留预热阶段（Ⅰ）、搅拌头焊接进给阶段（Ⅱ）和搅拌头退出阶段（Ⅲ）。在下压与停留预热阶段，搅拌头与工件逐渐接触并摩擦生热，使得焊件的表面温度不断提高；在焊接进给阶段，搅拌头与焊件开始产生相对位移，会出现一个较小的温度下降趋势，这是由于停留预热阶段刚结束表面温度较高；随后特征点的温度不断波动并在焊接进给阶段将要结束时不断升高，这是由在焊接快要结束时搅拌头前方的热传导铝材体积不断减小而引起的热累积导致。在退出阶段，搅拌头与焊件分离，不再产热，特征点的温度急剧下降。

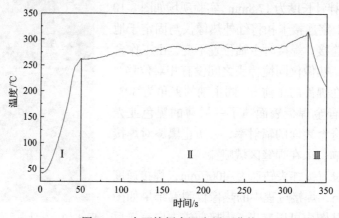

图 8-12　表面特征点温度循环曲线

　　焊接过程中在轴肩两侧未涂黑漆的区域中提取出的表面特征点温度循环曲线如图 8-13 所示。可以看出，使用红外热像仪在 FSW 过程中直接测量出的铝合金表面温度存在很大的波动。出现这种现象的主要原因是热像仪的辐射率被调得很低（0.1~0.3），此时热像仪处于一个对环境热辐射非常敏感的状态，焊接中飞边、

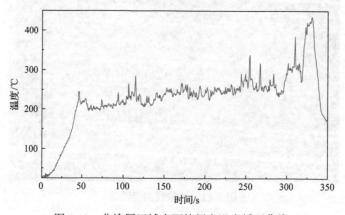

图 8-13　非涂层区域表面特征点温度循环曲线

夹具的辐射影响以及外界环境中噪声影响被放大，引起图中这种温度的剧烈波动现象。

为了对焊接过程中测得的表面温度进行检验，使用表面热电偶测温仪测量焊接时的表面温度并与热像仪的测温结果进行对比，结果如表 8-3 所示，最大相对误差为 –1.18%，证实了使用高辐射率涂层与调整热像仪测温位置以合理选择测温区域方法的有效性。

表 8-3　温度检验结果

组数	转速 $n/(\text{r/min})$	焊接速度 $v/(\text{mm/min})$	热像仪读数 /℃	热电偶读数 /℃	相对误差 /%
1	400	75	181.36	179.91	0.81
2	400	75	208.35	209.51	–0.55
3	400	75	189.56	188.21	0.72
4	400	75	213.55	214.31	–0.35
5	400	75	201.00	203.41	–1.18

8.2　2219 铝合金厚板 FSW 温度场仿真

FSW 是一种多物理场耦合的加工过程，焊接时的材料伴随着复杂的非线性变化过程。本节基于 3.2 节和 4.1.2 节的传热学理论和刚黏塑性理论，采用 DEFORM 软件建立了 18mm 厚 2219 铝合金 FSW 温度场仿真模型。对特征点进行选取，并将仿真模型和热像仪测温实验得到的特征点温度数据进行对比，验证了仿真模型的准确性。

8.2.1　FSW 温度场仿真模型的建立

本节建立了基于 DEFORM 的 18mm 厚 2219 铝合金 FSW 温度场仿真模型。焊件的材料性能与温度有关、焊件与工具之间的摩擦系数与温度有关。为了降低模拟过程的复杂性，假设焊件为黏塑性材料，刀具为刚性。

1. 几何模型与网格划分

使用 SolidWorks 建立搅拌头与焊件的几何模型，并将建立好的模型保存为 STL 格式导入 DEFORM 软件中进行装配。仿真模型中使用的搅拌头结构参数与 4.1.3 节相同。焊件材料为 2219 铝合金，尺寸为 160mm×150mm×18mm。搅拌头与焊件三维模型如图 8-14 所示。

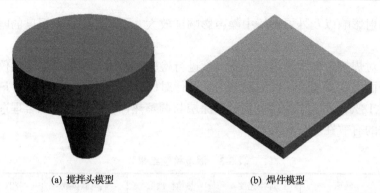

(a) 搅拌头模型　　　　　　　　　　(b) 焊件模型

图 8-14　搅拌头与焊件三维模型

　　网格划分对仿真的结果影响很大，需要兼顾计算效率与仿真精度。为更好地模拟焊接过程中的材料流动并兼顾仿真精度和计算效率，使用 DEFORM 中的网格局部细化分功能对搅拌头轴肩下方的焊件网格进行细化，其他区域使用粗网格。网格类型为四面体网格，将细化区域的网格尺寸设置为 1mm，粗网格的尺寸设置为 6mm，划分后的模型总计产生 15881 个节点和 68072 个单元。DEFORM 的网格细化分窗口能够跟随搅拌头位移，在焊接时设置细划分窗口跟随搅拌头做进给运动，保证搅拌头与焊件接触区域内网格的细化。网格划分完成的仿真模型如图 8-15 所示。

图 8-15　焊件模型网格划分

2. 材料参数

　　2219 铝合金随温度变化的材料参数设定参见图 3-9。使用 J-C 本构模型描述材料流动应力随温度与应变速率的变化，J-C 本构模型的公式及其相关参数见 3.3 节。

　　搅拌头材料为 H13 工具钢，考虑到搅拌头材料的硬度与刚度远大于 2219 铝合金，忽略其在焊接中的磨损与变形并将其定义为刚体。搅拌头材料随温度变化的参数设定如表 4-1 所示。

3. 边界条件与摩擦模型

在 DEFORM 中需要设置的边界条件分为机械边界条件和热边界条件。机械边界条件控制焊件的自由度，在 FSW 仿真模型中，分别限制焊件在 X、Y、Z 方向的平动和转动自由度。热边界条件主要设置搅拌头与空气、焊件与空气和垫板的散热。设定室温为 20℃，焊件与空气的对流换热系数为 0.025N/(mm·s·℃)，焊件底面与垫板的传热系数为 1N/(mm·s·℃)[6]。

FSW 过程中的焊接热量主要来自于搅拌头与焊件的摩擦产热，搅拌头与焊件材料的摩擦主要在高温环境下发生，作用机制十分复杂，影响因素很多，因此摩擦模型的合理选用对仿真的精度至关重要。DEFORM 软件带有三种摩擦模型，分别是库仑摩擦、剪切摩擦和混合摩擦，本章选用的是剪切摩擦模型，如式(4-8)所示，摩擦系数选用表 3-1 中所示随温度变化的摩擦系数。

在仿真模型中设定搅拌头倾角为 2.5°，下压量为 0.2mm，下压速度为 20mm/min，转速为 400r/min，停留预热时间为 5s，焊接进给速度为 100mm/min，基于 DEFORM 的 FSW 温度场仿真结果如图 8-16 所示。从 FSW 温度场的仿真结果可以看出，在下压阶段主要是搅拌针同焊件的摩擦产热，此时轴肩未与焊件接触，产热不足，焊件整体温度较低；随着停留预热阶段搅拌头轴肩与焊件的接触，摩擦产热不断增加，轴肩周围的焊材温度不断上升；随后搅拌头开始进给，此时受搅拌头的运动作用，焊件内部的焊材流动性增强，塑性产热进一步增加，轴肩周围的焊材温度处于稳定的状态而焊件整体温度不断攀升；焊接结束，搅拌头退出。

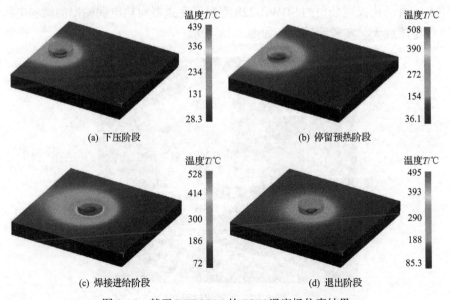

图 8-16　基于 DEFORM 的 FSW 温度场仿真结果

8.2.2　FSW 特征点温度提取及模型验证

对建立的 FSW 温度场仿真模型进行分析,发现核心区峰值温度和最低温度分别位于搅拌头轴肩下方和搅拌针根部附近,如图 8-17(a) 所示,所选的表面特征点位置如图 8-17(b) 所示。

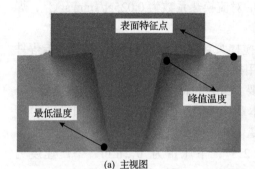 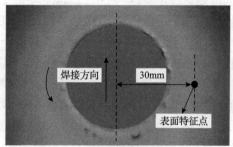

(a) 主视图　　　　　　　　　　　　　　　　(b) 俯视图

图 8-17　特征温度数据提取位置

为验证所建立的 2219 铝合金厚板 FSW 温度场仿真模型的有效性,开展了 FSW 温度测量实验。实验设备是上海拓璞数控科技股份有限公司的 FSW-5M 型机床。使用 FLIR A615 热像仪测量表面特征点温度。在核心区峰值温度和最低温度处布置热电偶温度传感器,热电偶温度传感器选用上海自动化仪表公司生产的 SBWR-K 型热电偶;鉴于热电偶输出的电压信号微弱,易受高频噪声信号的干扰,选用上海自动化仪表公司的 SBWR-228 型温度变送器对热电偶输出的微弱电压信号进行稳压放大。实验测试设备如图 8-18 所示。

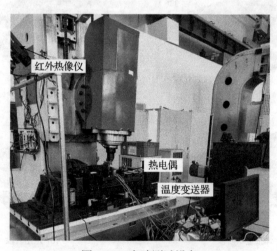

图 8-18　实验测试设备

进行三组不同工艺参数下的 FSW 温度测量实验，搅拌头转速为 375r/min，焊接速度分别取 75mm/min、90mm/min 和 105mm/min，实验中的热电偶排布方案见图 8-19。

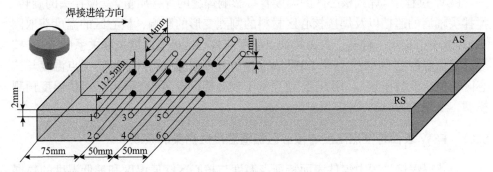

图 8-19　热电偶排布方案

提取相同焊接工艺参数组合下的 FSW 温度场仿真模型输出的温度数据，与实验测得的数据进行对比，三组实验和仿真的对比结果如表 8-4 所示。表面特征点温度（T_0）的最大相对误差为 2.34%，平均相对误差为 1.39%；核心区峰值温度（T_{max}）的最大相对误差为 2.72%，平均相对误差为 1.87%；核心区最低温度（T_{min}）的最大相对误差为 6.12%，平均相对误差为 3.89%。结果证实了所建立的基于 DEFORM 的 2219 铝合金厚板 FSW 温度场仿真模型的有效性。

表 8-4　仿真模型温度结果验证

序号	n /(r/min)	v /(mm/min)	T_0 /℃	T_0' /℃	δ_{T_0} /%	T_{max} /℃	T_{max}' /℃	$\delta_{T_{max}}$ /%	T_{min} /℃	T_{min}' /℃	$\delta_{T_{min}}$ /%
1	375	75	256.6	260.0	-1.31	521.4	529.0	-1.44	431.7	419.5	2.91
2	375	75	265.3	263.7	0.61	515.6	521.1	-1.06	418.6	411.2	1.80
3	375	75	260.2	266.1	-2.22	517.4	507.8	1.89	421.6	412.6	2.18
4	375	90	257.5	259.3	-0.69	519.5	511.3	1.60	415.1	395.4	4.98
5	375	90	266.3	260.2	2.34	505.8	512.7	-1.35	410.3	391.3	4.86
6	375	90	259.6	257.4	0.85	514.2	500.9	2.66	415.4	400.2	3.80
7	375	105	252.1	256.6	-1.75	520.9	508.3	2.48	417.9	405.8	2.98
8	375	105	250.1	253.7	-1.42	514.6	506.2	1.66	406.4	385.5	5.42
9	375	105	247.4	250.7	-1.32	517.5	503.8	2.72	412.7	388.9	6.12

注：仿真结果表示为 T_0，实验结果表示为 T_0'，δ_{T_0} 表示相对误差。其他含义表示类似。

8.3　基于表面特征点温度的核心区极值温度监测

FSW 过程中,焊接核心区的温度直接影响焊缝的焊接质量,受搅拌头的旋转、搅拌头轴肩的遮挡以及焊接核心区材料的剧烈变形的影响,核心区的温度获取困难,因此本节提出一种基于表面特征点温度与核心区极值温度关联关系的 FSW 核心区极值温度监测方法。基于 FSW 温度场仿真模型提取焊件表面特征点温度与核心区极值温度数据集,利用 SVR 建立基于表面特征点温度的核心区极值温度预测模型,实现 FSW 核心区极值温度监测。

8.3.1　FSW 表面特征点温度与核心区极值温度数据集的获取

为获得焊接过程中焊件表面特征点温度与核心区峰值温度和最低温度的数据集,基于 8.2 节建立的温度场仿真模型,进行多组不同焊接工艺参数下的 FSW 温度场仿真。使用 DEFORM 后处理中的点追踪方法,在焊接进给阶段中提取 44 组焊件表面特征点温度与核心区峰值温度和最低温度数据集,其中表面特征点的位置见图 8-17,获得的数据集如表 8-5 所示。

表 8-5　表面特征点温度与核心区极值温度数据集

序号	表面特征点温度/℃	核心区最低温度/℃	核心区峰值温度/℃	序号	表面特征点温度/℃	核心区最低温度/℃	核心区峰值温度/℃
1	242.48	410.95	510.29	17	250.59	420.52	516.10
2	244.93	415.31	511.14	18	268.71	419.54	517.57
3	246.95	418.53	513.39	19	255.86	427.34	517.06
4	239.52	403.67	507.32	20	262.56	428.02	522.89
5	250.53	419.25	515.71	21	240.96	406.13	509.14
6	252.64	423.27	516.94	22	248.09	419.71	514.79
7	259.77	424.49	520.28	23	261.81	428.00	520.76
8	237.48	400.09	506.21	24	263.18	424.20	520.95
9	263.29	423.58	520.93	25	258.03	423.96	518.26
10	269.15	418.64	518.15	26	270.56	418.56	516.25
11	265.98	420.86	518.99	27	266.55	421.10	519.07
12	260.81	422.33	517.18	28	243.35	412.39	510.63
13	254.48	425.94	516.05	29	240.53	405.65	508.75
14	241.29	409.56	510.24	30	245.72	415.82	513.82
15	249.42	419.18	514.28	31	251.48	423.01	517.11
16	257.05	424.88	517.54	32	253.52	426.52	517.51

续表

序号	表面特征点 温度/℃	核心区最低 温度/℃	核心区峰值 温度/℃	序号	表面特征点 温度/℃	核心区最低 温度/℃	核心区峰值 温度/℃
33	273.56	419.56	517.65	39	264.46	421.86	519.43
34	244.72	414.43	510.68	40	263.59	422.11	520.20
35	258.98	424.60	519.88	41	255.10	426.26	517.46
36	245.22	415.00	511.51	42	247.12	418.34	514.41
37	241.97	410.60	509.61	43	260.28	424.20	518.77
38	256.52	425.30	518.20	44	248.89	419.58	515.12

8.3.2　表面温度与核心区温度关联关系模型的建立

　　基于焊件表面温度与核心区温度的关联关系实现核心区温度预测，属于回归问题。SVR 是一种用于回归分析的有效方法，具体相关理论如 4.2.1 节所示。SVR 模型的参数设置对预测精度至关重要，其中最为重要的是惩罚系数 C 和核函数参数 γ。使用交叉验证法优化核心区温度预测模型的参数。这种方法先将数据集分为训练集和测试集，通过对训练集数据的训练确定模型参数，接着使用测试集中的数据对确定的模型参数进行评估，选用 MSE 作为模型的评价指标。

　　以表 8-5 中焊件表面特征点温度作为特征量，核心区极值温度作为目标量，从中随机选取 36 组作为训练集，8 组作为测试集，基于 MATLAB 软件平台，调用 LIBSVM 工具箱进行编程，对参数 C 和 γ 使用网格搜索的方法，将二者的取值进行组合建立网格，然后将网格内的每一组参数用于算法的训练，并基于交叉验证的思想对训练好的模型进行评估，获得最优的参数组合，网格搜索的结果如图 8-20 所示。

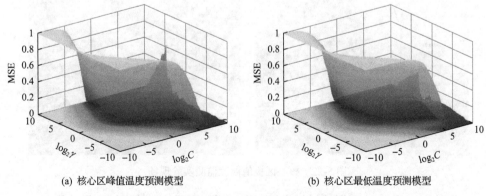

(a) 核心区峰值温度预测模型　　　　　　(b) 核心区最低温度预测模型

图 8-20　惩罚系数与核函数参数网格搜索结果

　　使用最优参数训练出的模型预测结果如图 8-21 所示，核心区极值温度的最大相对误差小于 1%，均方误差小于 4，验证了建立的基于 SVR 的 FSW 焊件表面特征点温度与核心区极值温度关联关系模型的有效性。

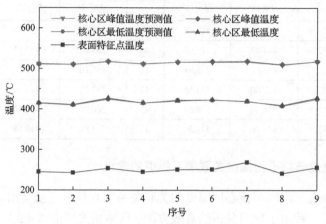

图 8-21　测试集数据预测结果

8.4　FSW 核心区极值温度监测

依托 8.3 节建立的基于 SVR 的 FSW 核心区极值温度预测模型，在上海拓璞数控科技股份有限公司的 FSW-5M 机床上进行实验，实现了核心区极值温度监测。现场如图 8-22 所示。

图 8-22　核心区极值温度监测实验现场

焊件厚度为 18mm，焊件材料为 2219 铝合金，使用的搅拌头轴肩尺寸为 32mm，搅拌针长度为 17.8mm。红外热像仪布置在焊件前方，用于测量焊接过程中焊件表面的温度。使用热电偶测量焊接时核心区的极值温度，热电偶的排布方案见图 8-19，完成了 9 组不同工艺参数下的 2219 铝合金焊接实验，实验使用的工艺参数见表 8-6。

表 8-6　2219 铝合金厚板 FSW 工艺参数

序号	转速 n /(r/min)	焊接速度 v /(mm/min)	下压量 d_p /mm
1	300	75	0.2
2	300	90	0.2
3	300	105	0.2
4	325	75	0.2
5	325	90	0.2
6	325	105	0.2
7	350	75	0.2
8	350	90	0.2
9	350	105	0.2

第 1 组焊接工艺参数下获得的热电偶温度曲线如图 8-23 所示。焊接时搅拌头与焊件的摩擦和焊缝材料的塑性变形产生大量热量，随着机床工作台的进给，搅拌头不断接近焊件内排布了热电偶的特征点，特征点的温度不断升高；在搅拌头达到特征点位置时特征点的温度达到最高；当搅拌头远离特征点时，特征点的温度也不断下降。每个特征点的温度循环曲线都呈现上升—峰值—下降的趋势。处于核心区最高温度位置处的热电偶温度循环曲线的峰值即为 FSW 核心区峰值温度；处于核心区最低温度位置处的热电偶温度循环曲线的峰值即为 FSW 核心区最低温度。

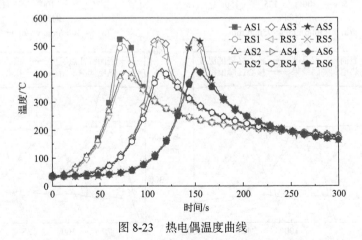

图 8-23　热电偶温度曲线

第 1 组焊接工艺参数下红外热像仪测得的焊件表面特征点温度如图 8-24 所示。

在焊接过程中，搅拌头附近的表面特征点温度呈现出上升—波动—下降的趋势。

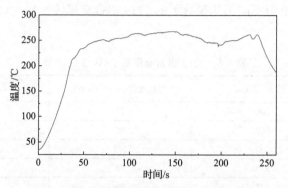

图 8-24　红外热像仪测得的表面特征点温度曲线

将焊接进给阶段测得的表面特征点温度输入到基于 SVR 的 FSW 核心区极值温度预测模型中，得到核心区的峰值与最低温度，如图 8-25 所示。

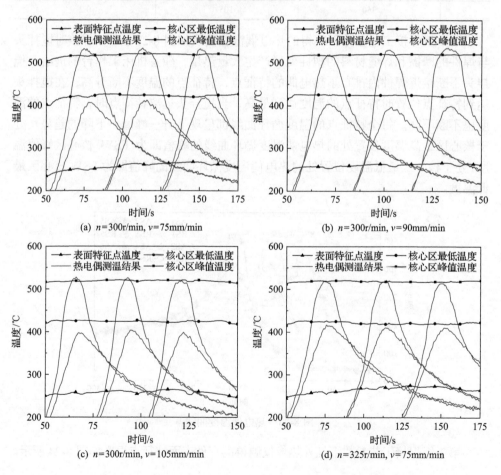

(a) $n=300r/min, v=75mm/min$

(b) $n=300r/min, v=90mm/min$

(c) $n=300r/min, v=105mm/min$

(d) $n=325r/min, v=75mm/min$

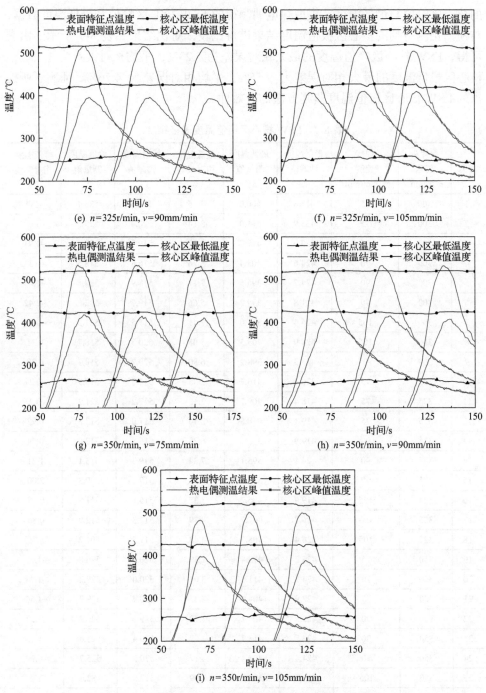

图 8-25　核心区极值温度表征结果

如图 8-25 所示，在焊接的进给过程中，从热电偶的热循环曲线可得到焊接时的核心区峰值与最低温度。提取热电偶测得的 FSW 核心区峰值和最低温度数据，与模型预测得到的核心区极值温度结果进行比较，对比结果如表 8-7 所示。由表可得，FSW 核心区峰值温度的最大相对误差为 7.23%，平均相对误差为 1.75%；核心区最低温度的最大相对误差为 9.55%，平均相对误差为 4.76%。证实了所提出的 FSW 核心区极值温度监测方法的有效性。

表 8-7　FSW 核心区极值温度表征精度

序号	搅拌头转速 n/(r/min)	焊接速度 v/(mm/min)	最低温度预测值 /℃	最低温度测量值 /℃	最低温度相对误差 /%	峰值温度预测值 /℃	峰值温度测量值 /℃	峰值温度相对误差 /%
1	300	75	418.8	406.0	3.15	514.6	525.1	−2.00
2	300	75	423.9	411.0	3.14	520.4	529.3	−1.68
3	300	75	420.9	417.7	0.77	519.3	529.4	−1.91
4	300	90	424.6	403.4	5.26	516.8	518.5	−0.33
5	300	90	424.7	396.5	7.11	518.9	527.5	−1.63
6	300	90	421.8	399.2	5.66	519.7	532.6	−2.42
7	300	105	426.4	397.0	7.41	517.5	521.2	−0.71
8	300	105	424.0	403.5	5.08	520.3	518.7	0.31
9	300	105	423.3	398.2	6.30	520.7	518.7	0.39
10	325	75	426.4	416.7	2.33	517.5	518.9	−0.27
11	325	75	418.4	409.7	2.12	517.2	521.2	−0.77
12	325	75	419.1	410.5	2.10	517.0	512.3	0.92
13	325	90	419.9	395.1	6.28	515.8	512.0	0.74
14	325	90	424.1	395.1	7.34	519.3	513.1	1.21
15	325	90	424.3	392.2	8.18	519.5	509.3	2.00
16	325	105	419.9	406.2	3.37	515.8	511.8	0.78
17	325	105	426.7	407.2	4.79	517.3	512.9	0.86
18	325	105	426.4	408.3	4.43	517.5	501.2	3.25
19	350	75	423.2	417.4	1.39	520.5	526.8	−1.20
20	350	75	424.2	411.8	3.01	520.0	529.2	−1.74
21	350	75	422.9	404.9	4.45	520.4	529.2	−1.66
22	350	90	423.9	408.7	3.72	519.8	526.2	−1.22
23	350	90	423.5	413.7	2.37	520.4	528.6	−1.55
24	350	90	424.4	407.4	4.17	520.5	525.7	−0.99
25	350	105	425.7	397.5	7.09	517.5	482.6	7.23
26	350	105	424.4	393.2	7.93	520.5	494.1	5.34
27	350	105	425.7	388.6	9.55	517.2	497.2	4.02

8.5　FSW 核心区极值温度在位表征系统研发

基于所提出的表面特征点温度与核心区极值温度关联关系的 FSW 核心区极值温度监测方法，开发了 FSW 核心区极值温度在位表征系统，结合红外热像仪实时测得的焊件表面特征点温度，实现 FSW 过程中核心区极值温度的实时监测。

8.5.1　系统硬件搭建

FSW 核心区极值温度在位表征系统的硬件部分主要由红外热像仪、云台、主机构成。红外热像仪主要负责对 FSW 过程中的焊件表面特征点温度进行测量，选用的热像仪型号为 FLIR A615，如图 8-26 所示。

图 8-26　红外热像仪

云台主要负责与红外热像仪的连接，并且在连接后负责热像仪位置的调整，使用的云台为万向球形云台，如图 8-27 所示。

图 8-27　球形云台

主机通过 USB-mini 数据传输线与热像仪连接，通过安装在主机上的软件对红外热像仪测量的数据进行读取与显示。选用的主机配置如下：CPU i5-10200H，显卡 GTX1650Ti，16GB RAM，512GB 硬盘空间。

8.5.2 系统软件开发环境

开发的系统运行平台选择 Windows，在编程语言上选用 C#。C#是一种由 C 和 C++衍生出来的面向对象的高级编程语言，由微软的 Scott Willamette 和 Anders Hejlsberg 领导开发，C#运行于.NET Framework 上，需要经过编译成中间代码再运行。.NET Framework 包含一个庞大的代码库，使用者可在编程的过程中进行调用。

C#提供很多便于应用程序开发的控件，具有安全、简单、稳定的优点，能够降低开发难度，节省时间。基于 FLIR 官方提供的软件开发工具包 Atlas6.0 在 Visual Studio 2019 上进行开发。

8.5.3 系统功能设计与实现

FSW 核心区极值温度在位表征系统总体上实现了红外热像仪测温信号的读取、热像仪测温参数的设置和温度数据的实时处理。通过编写 WinForm 窗体应用程序完成了 FSW 核心区极值温度在位表征系统界面的设计，通过 FLIR 热像仪的底层驱动程序实现了对热像仪测量数据的读取。使用 WinForm 中的 Chart 控件将读取到的特征点温度加以显示和保存。为实时调用基于 SVM 算法的核心区温度预测模型，在软件中嵌入了 SVM 算法运行的类文件，可在焊接过程中使用测得的表面特征点温度实时预测核心区极值温度。整个系统的工作流程如图 8-28 所示。

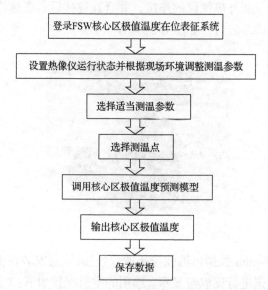

图 8-28　FSW 核心区极值温度在位表征系统工作流程

整个系统的主界面如图 8-29 所示，主要包含主窗口控制模块、显示模块、热像仪控制模块和测温参数设置模块四个模块。

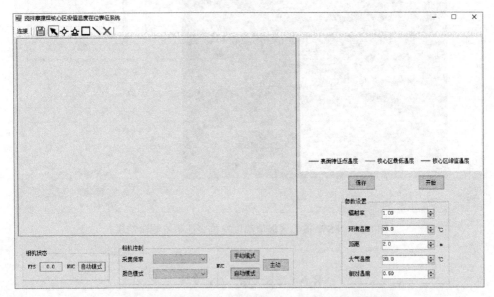

图 8-29　FSW 核心区极值温度在位表征系统主界面

主窗口控制模块负责热像仪的连接、热像图的保存和测温标签的选择。

显示模块分为两部分：一部分负责显示热像仪的实时测温画面，以配合测温标签的绘制；另一部分在焊接过程中将表面特征点温度、核心区峰值温度以及核心区最低温度以曲线的形式实时绘制并记录，并在实验结束后以 txt 的格式进行保存。

相机控制模块负责设置热像仪工作状态，即采样频率、颜色模式和 NUC（next unit of computing）功能模式的控制。采样频率支持 6.25Hz、12.5Hz、25Hz 和 50Hz 四种模式，颜色模式支持灰度与铁红两种模式，同时支持相机 NUC 功能的手动模式与自动模式切换。

参数设置模块负责设置测温参数，可根据测温现场实际情况进行调整，提升测温精度。本模块支持对被测表面辐射率、测温环境温度、测温距离、大气温度、相对湿度的设置。

对本系统进行测试，实验现场及结果如图 8-30 所示，成功实现了 FSW 过程中核心区极值温度的监测。

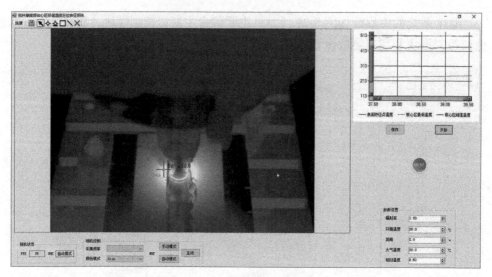

图 8-30　FSW 核心区极值温度在位表征系统测试结果

8.6　本 章 小 结

本章以 2219 铝合金厚板 FSW 核心区极值温度监测为研究内容，提出了一种基于表面温度与核心区极值温度关联关系的核心区温度监测方法，基于红外测温基本原理，分析 FSW 过程中干扰红外测温精度的影响因素；开展 FSW 焊件表面温度测量实验，在 2219 铝合金 FSW 过程中，通过采用表面喷油漆的方法提升被测焊件表面的辐射率；通过调整红外热像仪测温位置并选择合理测温区域以减小搅拌头辐射干扰，焊接时热像仪测温的最大相对误差为−1.18%，实现了基于红外热像仪的 2219 铝合金 FSW 焊件表面温度的高精度测量。

建立了基于 DEFORM 的 2219 铝合金厚板 FSW 温度场仿真模型，并通过测温实验证实了仿真模型的准确性。从建立的 FSW 温度场仿真结果中提取出表面特征点与核心区极值温度的数据集，使用 SVR 算法建立了基于表面特征点温度的核心区极值温度预测模型，预测的最大相对误差小于 1%。开展 FSW 实验研究，在实验中使用热像仪获得了 FSW 过程中表面特征点的温度，结合核心区极值温度预测模型，实现了焊接时对核心区峰值与最低温度的监测，并通过在焊件中埋入热电偶的方式对表征的极值温度进行验证，得到的极值温度的平均预测误差在 5% 以内，证实了本方法的可行性。开发了 FSW 核心区极值温度在位表征系统，在 FSW 过程中实现了核心区极值温度的在线监测。

参 考 文 献

[1] Serio L M, Palumbo D, Galietti U, et al. Monitoring of the friction stir welding process by means of thermography[J]. Nondestructive Testing and Evaluation, 2016, 31(4): 371-383.

[2] Dharmaraj K J, Cox C D, Strauss A M, et al. Ultrasonic thermometry for friction stir spot welding[J]. Measurement, 2014, 49: 226-235.

[3] 卢晓红, 乔金辉, 周宇, 等. 搅拌摩擦焊温度场研究进展[J]. 吉林大学学报(工学版), 2023, 53(1): 1-17.

[4] 齐文娟. 发射率对红外测温精度的影响[D]. 长春: 长春理工大学, 2005.

[5] Casavola C, Cazzato A, Moramarco V, et al. Influence of the clamps configuration on residual stresses field in friction stir welding process[J]. The Journal of Strain Analysis for Engineering Design, 2015, 50(4): 232-242.

[6] Tutunchilar S, Haghpanahi M, Givi M K B, et al. Simulation of material flow in friction stir processing of a cast Al-Si alloy[J]. Materials & Design, 2012, 40: 415-426.

第9章 基于数字孪生的 FSW 核心区极值温度监测

第 8 章结合数值模拟法及红外线测温实验法，探索了一种基于表面温度与核心区极值温度关联关系的监测方法，有效地提高了温度监测的准确性和实时性，为 FSW 过程中接头力学性能提升提供了理论和实践基础。然而，由于系统开发的限制和模型精确度的要求，仍存在进一步提升温度监测精度和实时性的潜力。本章旨在通过引入数字孪生技术对核心区极值温度监测进行深入研究，以解决传统方法中遇到的限制和挑战。

核心区温度是决定接头力学性能的关键因素[1]，亟待对核心区温度进行测量与控制。然而，焊接过程中搅拌头机械作用、轴肩遮挡、材料流动与剧烈的塑性变形，使得直接测量核心区温度面临诸多挑战。因此，开发一种能够实时监测核心区温度的方法成为实现高质量焊接的关键。数字孪生技术作为一种创建物理实体虚拟表示的先进方法，集成了物理模型、实时传感器数据和历史操作信息，能够动态模拟和预测系统行为，为解决核心区温度实时监测的难题提供了全新的解决方案。通过建立 FSW 核心区极值温度表征模型和 FSW 过程的数字孪生模型，能够实时反映焊接过程中的各种状态，并有效监测核心区的温度。

本章的目的在于探索数字孪生技术在 FSW 过程中实现核心区极值温度实时监测的应用。在利用红外热成像仪测量焊件表面温度的基础上，构建核心区极值温度与表面温度之间的关联关系模型，并建立 FSW 物理实体的数字孪生模型，最终实现基于数字孪生的核心区极值温度监测，从而为 FSW 过程的精准控制和质量保障提供坚实的理论基础和实践指导。

9.1 随机双坐标上升算法

核心区极值温度与表面温度之间的关联关系可以用回归预测的方法解决，SVR 算法在解决回归预测问题时的计算效率和模型优化空间仍有提升的潜力。而由 Shalev-Shwartz 和 Zhang[2]提出的随机双坐标上升(stochastic dual coordinate ascent, SDCA)算法是一种高效的迭代优化算法，尤其适用于解决回归问题。此算法的设计允许它在每次迭代中只更新一个维度的参数，使其在处理高维稀疏数据时表现出卓越的性能，同时也展现了在并行计算方面的显著优势。回归问题旨在为给定的训练集构建一个回归模型，以使得模型预测值与真实值之间的平方误差最小化。具体来说，假设训练样本集合为 $(x_i, y_i)_{(i=1)}^{N}$，其中 $x_i \in \mathbf{R}$ 代表训练样本的输入，而

$y_i \in \mathbf{R}$ 代表对应的输出。目标是求解最小化问题：

$$\min_{w \in \mathbf{R}^d, b \in \mathbf{R}} = \frac{1}{N} \sum_{i=1}^{N} (w^{\mathrm{T}} x_i + b - y_i)^2 \tag{9-1}$$

式中，w 为该模型的 d 维权重向量；b 为该模型的偏置项。

通过将模型的偏置项和权重向量合并，可以将原始的最小化问题转化为更简洁的形式：

$$\min_{w \in \mathbf{R}^{d+1}} \frac{1}{N} \sum_{i=1}^{N} (w^{\mathrm{T}} \tilde{x}_i - y_i)^2 \tag{9-2}$$

式中，$\tilde{x}_i$ 为将偏置项和特征向量合并后的向量。

SDCA 算法针对回归问题的这种转化进行对偶形式的求解。在算法中，通过随机坐标上升的方式逐步更新对偶向量，为此选择一个随机样本 i 并最小化特定的子问题以更新对偶向量的第 i 个坐标。这种更新方式不仅提升了算法的效率，还通过引入正则化参数 λ 来控制模型复杂度，增强了模型的泛化能力。具体地，对偶问题可以表示为

$$\max_{\alpha \in \mathbf{R}} \left\{ -\frac{1}{2N} \alpha^{\mathrm{T}} K \alpha + \frac{1}{N} y^{\mathrm{T}} \alpha \right\} \tag{9-3}$$

式中，K 表示由所有训练样本的特征向量的内积组成的对称矩阵；y 表示由所有训练样本标签组成的向量；α 表示对偶变量。

在 SDCA 算法中，通过求解回归问题的对偶形式来获取最优的对偶向量。这一步骤不仅能从中计算出最优的权重向量 w 和偏置项 b，还提供了一种高效的方式来更新模型参数。算法的核心在于使用随机坐标上升方法逐步更新对偶向量。具体来说，对于随机选择的样本 i，通过最小化特定的子问题来更新对偶向量的第 i 个坐标。这个子问题可以表示为

$$\alpha_i = \frac{y_i - \sum_{j=1}^{N} \alpha_j K_{ij}}{K_{ii} + \frac{1}{2N\lambda}} \tag{9-4}$$

式中，λ 为正则化参数，用于控制模型的复杂度和避免过拟合。

此外，在 SDCA 算法中，还可以通过交替随机选择样本和特征的方式来更新权重向量 w 和偏置项 b。这种方法的核心在于，对于每次随机选定的样本 i，算法会相应地调整模型参数，从而逐步优化整体模型的性能。在实际应用中，由于在数据集上进行全局参数更新的计算成本非常高，SDCA 算法通常选择一个随机的

特征子集进行局部更新，这种策略在降低计算成本的同时保持了算法的收敛性。

综上所述，SDCA 算法在处理回归问题方面表现出快速的收敛性和优良的扩展性。该算法独具的自适应调整正则化参数的功能，进一步增强了模型的性能和稳定性。在建立 FSW 核心区极值温度与表面温度关联关系的过程中，SDCA 算法提供了一种高效的解决方案。

9.2　基于 SDCA 的 FSW 核心区极值温度表征模型

本节基于 SDCA 算法建立核心区极值温度与表面特征点温度的关联关系，结合红外热成像仪实时测得焊件表面特征点温度，即可实现 2219 铝合金厚板 FSW 核心区极值温度的在位表征。

9.2.1　基于温度场仿真的数据集

利用4.1节建立的2219铝合金FSW温度仿真模型进行2219铝合金厚板FSW温度场仿真，如图9-1所示。

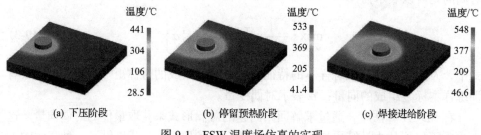

| (a) 下压阶段 | (b) 停留预热阶段 | (c) 焊接进给阶段 |

图 9-1　FSW 温度场仿真的实现

通过温度场仿真模型后处理模块提取焊件表面特征点温度与核心区峰值温度和最低温度数据。表面特征点的提取区域与 FSW 过程中红外热像仪在位测量的区域相同，位于搅拌头正前方 5mm 处沿焊缝对称且尺寸为 5mm×10mm 的范围内，如图 9-2 所示。

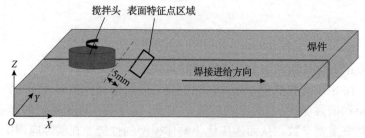

图 9-2　表面特征点温度的提取区域

提取 40 组焊件表面特征点与核心区极值温度的数据作为数据集，如表 9-1 所示，用于核心区极值温度表征模型的建立与验证。

表 9-1　焊件表面特征点与核心区极值温度数据集

序号	表面特征点区域峰值温度/℃	表面特征点区域最低温度/℃	核心区峰值温度/℃	核心区最低温度/℃
1	312.53	155.91	511.36	416.36
2	296.32	173.43	502.19	427.85
3	302.38	185.64	500.48	436.29
4	309.24	208.82	502.82	431.11
5	311.69	225.57	502.23	431.53
6	332.42	253.67	503.10	430.67
7	306.76	182.27	510.65	435.59
8	312.21	182.86	517.65	440.02
9	316.04	189.55	522.76	440.39
10	322.60	197.99	521.04	440.48
11	323.22	205.82	525.74	443.69
12	330.41	220.14	524.70	443.87
13	342.52	230.30	524.49	446.44
14	364.24	244.81	524.96	448.49
15	298.46	167.35	507.11	437.56
16	307.51	192.39	504.69	431.36
17	304.78	206.01	507.81	434.07
18	323.30	205.66	508.70	435.41
19	335.85	204.24	509.25	434.14
20	290.74	158.42	500.82	423.87
21	302.34	174.25	509.70	437.60
22	304.09	176.70	509.84	437.90
23	304.45	182.83	511.31	437.22
24	310.36	194.02	511.84	438.93
25	316.13	186.21	513.45	441.19
26	328.46	197.41	510.75	442.04
27	337.56	206.36	512.08	444.31
28	291.36	156.02	503.13	429.51
29	296.56	164.67	504.94	435.49
30	300.90	170.80	505.40	436.25
31	302.75	177.37	505.93	436.85

续表

序号	表面特征点区域 峰值温度/℃	表面特征点区域 最低温度/℃	核心区峰值温度 /℃	核心区最低温度 /℃
32	308.10	197.39	506.47	437.50
33	315.44	191.28	506.45	437.14
34	321.96	176.15	507.89	439.36
35	332.55	205.47	505.83	439.31
36	293.16	162.64	501.24	427.87
37	296.69	187.55	483.68	285.19
38	293.55	165.48	483.49	279.50
39	306.64	177.30	476.35	280.28
40	298.64	164.45	510.50	427.89

9.2.2　基于 SDCA 的核心区温度表征

本节基于 SDCA 算法建立 2219 铝合金厚板 FSW 核心区温度表征模型。模型的建立过程如下。

给定数据 $(x_1, x_2, y)_1, \cdots, (x_1, x_2, y)_N$ 构成训练集；每个样本 (x_1, x_2, y) 中，x_1 和 x_2 是输入量，分别为焊件表面特征点区域峰值温度和最低温度；y 是目标量，为核心区极值温度值，包括核心区峰值温度与最低温度。y 的预测值表示为

$$\hat{y} = w_1 x_1 + w_2 x_2 + b \tag{9-5}$$

式中，w_1 和 w_2 为两个输入量的权重；b 为偏置。

首先将权重和偏置初始化为随机值；然后利用训练集中的样本对权重和偏置进行更新，以使预测值 $\hat{y}$ 与真实值 y 的平均误差最小。为了避免过拟合，需要加上正则化项，形式为

$$\min_{w_1, w_2, b} \sum_{i=1}^{N} (y_i - \hat{y}_i)^2 + \lambda \left(\|w\|_2^2 + b^2 \right) \tag{9-6}$$

式中，N 为数据集中样本的数量；λ 为正则化系数。

随后使用 SDCA 算法来求解上述最大化问题的对偶问题，对偶问题的形式为

$$\max_{\alpha} \frac{1}{N} \sum_{i=1}^{N} (\alpha_i y_i - \alpha_i \hat{y}_i)^2 + \lambda \sum_{i=1}^{N} \alpha_i^2 \tag{9-7}$$

式中，α_i 为对偶变量。

SDCA 算法是一种迭代算法，在每一次迭代中随机选择一个样本并更新对偶变量；具体地，计算样本对应的权重更新量 Δw_i 和 Δb_i，然后更新权重和偏置项得

$$w_1 = w_1 + \Delta w_i x_{i1} \tag{9-8}$$

$$w_2 = w_2 + \Delta w_i x_{i2} \tag{9-9}$$

$$b = b + \Delta b_i \tag{9-10}$$

式中，x_{i1} 和 x_{i2} 分别为第 i 个样本的两个输入量。

接着重新计算每个样本的预测值 $\hat{y}_i$，并计算模型的损失函数，采用平方损失函数作为该模型的损失函数；如果模型的损失函数已经收敛，那么就可以停止训练，得到最终的模型参数，此时可以根据式 (9-1) 预测核心区峰值温度与最低温度。

随机选取表 9-1 中的 31 组数据作为训练集，9 组数据作为测试集，借助 Visual Studio 软件中的 ML.NET 工具库对训练集进行训练，分别建立基于 SDCA 的核心区峰值温度与最低温度表征模型，并利用测试集对模型有效性进行验证。测试集数据作为真实值，模型预测值与真实值对比结果如图 9-3 所示。

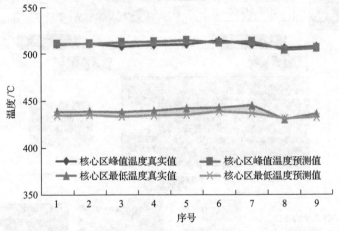

图 9-3　基于 SDCA 的核心区极值温度预测模型验证

表 9-2 展示了 FSW 核心区峰值温度与最低温度表征的平均相对百分比误差、最大相对百分比误差与均方误差，验证了基于 SCDA 算法的核心区极值温度表征结果的准确性。

表 9-2　FSW 核心区峰值温度与最低温度预测精度

指标量	平均相对百分比误差/%	最大相对百分比误差/%	均方误差
峰值温度	0.49	0.86	4.49
最低温度	1.04	1.89	24.96

9.3 FSW 过程中的数字孪生技术

9.3.1 FSW 系统的五维模型

数字孪生五维模型有效集成了物理系统、实时传感器监测数据、虚拟环境中的高精度孪生对象以及全面的服务平台，打造了一个数字化、智能化、可视化的系统模式。针对焊接过程中的温度监测需求，本章提出一种基于数字孪生的 FSW 系统五维模型，如图 9-4 所示。该模型由物理实体、虚拟实体、连接层、集成的 FSW 系统及系统服务层组成。

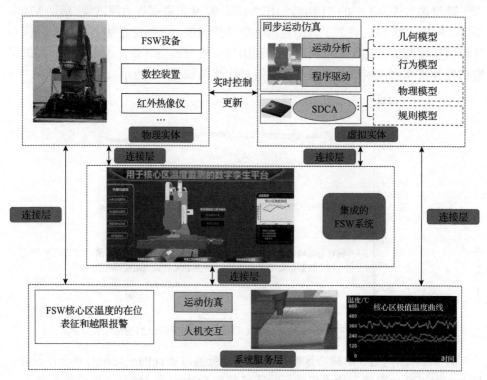

图 9-4 基于数字孪生的 FSW 系统五维模型

1. 物理实体

物理实体主要包括 FSW 设备、数控装置和红外热像仪。FSW 设备主要包括机床床身、移动导轨、工作台、蜗轮箱和刀具等结构部分。在焊接过程中，伺服电机与蜗轮箱机构互动，控制刀具的运动和旋转。焊件固定在滑动台的导轨上，由伺服电机驱动实现横向进给。采用西门子 840D 数控系统作为主要的数控装置控制机床的运动。焊接过程中的焊件表面温度通过红外热像仪持续监测。

2. 虚拟实体

虚拟实体包括几何模型、行为模型、物理模型和规则模型。为了构建这个虚拟实体，将上述模型在功能和结构上进行融合，建立反映物理实体的全面映射系统。在此过程中，生成三维几何模型并将其纳入虚拟环境，添加运动等特性。通过行为模型和几何模型的结合，实现了焊接过程的同步运动仿真。对焊接过程中的热力学进行研究，并通过有限元分析和机器学习方法建立 FSW 的物理模型。最后，创建了虚拟实体的规则模型，例如根据实时焊接温度制定的焊接过程参数控制策略。

3. 连接层

连接层对于实现物理实体、虚拟实体、集成的 FSW 系统和系统服务层之间的数据互动至关重要。根据传输控制协议（transmission control protocol, TCP），使用 Socket 开发了焊接过程中物理实体和虚拟实体之间的连接层。连接层可以传输物理实体的实时数据，如温度和工艺参数到虚拟实体，并且还可以将虚拟实体的仿真结果反馈到物理实体。其他部分之间的数据连接层也以类似的方式和协议开发。

4. 集成的 FSW 系统

集成的 FSW 系统基于数字孪生理念，采用 Unity3D 引擎构建。系统集成了几何模型、物理模型、行为模型和规则模型。通过 C#脚本封装算法，并将数据存储在资源中。使用 Unity3D 图形用户界面（unity graphical user interface, UGUI）系统开发了可视化界面，以满足系统内的温度监测需求。

5. 系统服务层

系统服务指的是数字孪生应用过程中所需各种数据、模型、算法和结果的服务封装，支持数字孪生内部功能的运行和实现，形式为工具组件和模块引擎。根据 FSW 系统的要求，系统服务层的功能主要包括虚拟与物理实体的运动仿真、人机交互，以及 FSW 核心区温度在位表征和越限报警等。

基于提出的 FSW 系统综合五维模型，构建基于数字孪生的 FSW 核心区极值温度在位表征系统的过程如下：首先，使用 SolidWorks 软件创建 FSW 过程的三维模型，并进行焊接过程的运动分析。该分析通过运动控制程序驱动焊接过程的同步运动仿真模型，包括虚拟实体的几何和行为模型。接下来进行焊件的温度场仿真，并使用 SDCA 算法构建核心区峰值温度和最低温度的表征模型。该模型涵盖了虚拟实体的物理和规则模型。随后，将核心区峰值温度和最低温度的表征模型以及运动仿真模型集成到利用Unity3D构建的FSW核心区极值温度在位表征系统中。该系统具有焊接过程同步映射和核心区极值温度越限报警等功能。在焊接过程中，物理实体的数据，如温度和焊接工艺参数，通过传感器采集并传输到基于数字孪生的FSW核心区极值温度在位表征系统。随后，根据采集的数据驱动虚拟空间中的相应模型。最后，在虚拟空间中建立与物理实体相对应的映射关系，实现FSW过程的实时监测和仿真。

9.3.2　FSW过程的运动仿真模型

虚拟实体通过三维同步运动仿真动态驱动，使虚拟实体中的几何模型与行为模型融合，从而实现焊接过程的可视化。同步运动仿真实现了虚拟与物理实体的同步运行，增强了温度监测的真实性和实时性。

1. FSW 物理实体的建模与渲染

基于三维建模技术，在虚拟环境中还原了物理实体的设备布局和工作状况。图 9-5 展示了 FSW 物理实体的建模和渲染过程。

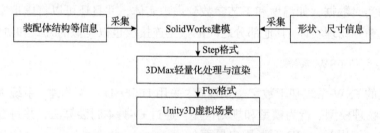

图 9-5　FSW 物理实体的建模和渲染过程

使用 SolidWorks 软件建立了 FSW 机床的三维模型，图 9-6 展示了建立的 FSW机床的关键零部件模型：机床底座、蜗轮箱组件和搅拌头。

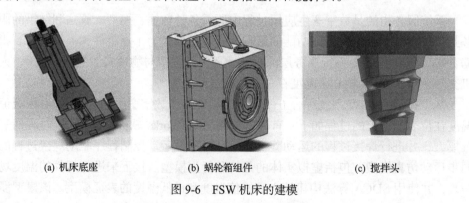

(a) 机床底座　　　　　(b) 蜗轮箱组件　　　　　(c) 搅拌头

图 9-6　FSW 机床的建模

SolidWorks 软件创建的模型中大量的顶点和面可能会影响加载速度，并对计算机性能要求更高。为了降低计算机中央处理器(central processing unit, CPU)和图形处理器(graphics processing unit, GPU)的占用率，使用 3DMax 软件对模型进行了轻量化处理。应用纹理映射技术为模型添加了纹理贴图，使其在光照下产生特定效果，提高模型的真实感。最后，将构建的三维模型导入基于 Unity3D 开发的虚拟空间。

2. FSW 过程的运动分析

典型的 FSW 机床结构包括床身、移动导轨、工作台、搅拌头、涡轮箱等结构部分，其运动由五个运动轴和一个可调固定轴组成。图 9-7 展示了 FSW 机床模型及其运动分析。

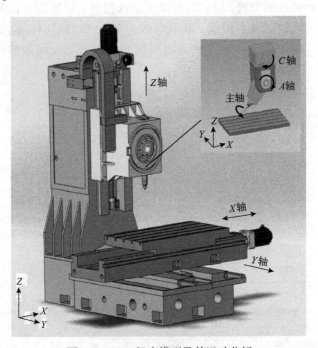

图 9-7　FSW 机床模型及其运动分析

X 轴：X 轴是横向进给轴，由伺服电机驱动，通过丝杠螺母使工作台带动焊件移动。在机床床身的 X 轴导轨处进行横向移动，负责焊件在工作台上与搅拌头产生横向进给运动。

Y 轴：Y 轴为纵向进给轴，由伺服电机驱动通过丝杠螺母副使工作台做 Y 向移动，从而使搅拌头与焊件产生纵向进给。

Z 轴：涡轮箱通过丝杠螺母，带动搅拌头装置实现垂直于加工平面的运动，主要负责控制搅拌头沿垂直焊件表面的下压、停留与退出操作，其中下压量是焊接工艺最重要的参数之一，也直接决定了焊缝的性能[3]。

A 轴：固定在搅拌头固定架上，调整搅拌头可以改变工艺倾角（搅拌针的轴线与加工平面的法线所形成的夹角），影响焊接性能。

C 轴：C 轴的伺服电机通过蜗轮蜗杆传动来控制搅拌头的旋转。由于 A 轴的工艺倾角影响，在 C 轴旋转的过程中会使得搅拌针沿其所在平面产生一个微小圆弧。而在焊接过程中需保证搅拌针始终沿着焊缝切线方向运动，故 C 轴需要与 X、Y 轴协同运动，以避免微小圆弧产生的误差。

主轴：主轴的作用主要是控制搅拌头旋转、传递力矩、产生与工件之间的相对运动，主轴转速的大小直接影响焊接过程中焊缝的温度变化[4]。

在焊接过程中，需要在工件坐标系下，由已知的焊接点坐标、搅拌头的倾角等计算出各轴需到达的位置，以实现精准的运动控制。对复杂的 FSW 机床结构进行模型简化分析，如图 9-8 所示，将其等效为多个转动副与移动副组成的串联机构，因此可通过由工件坐标系求解刀具坐标系的正逆运动学通解来得出各轴的位置。

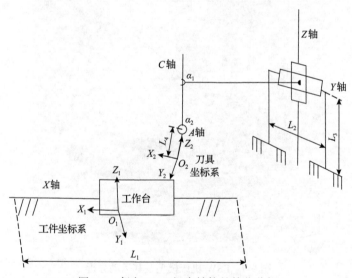

图 9-8　复杂 FSW 机床结构的简化分析

工作台被视为基座，搅拌头作为末端执行器，床身、机床本体和其他传动结构作为连杆，从而获得 FSW 机床运动的动态控制参数范围。通过控制这些轴的运动和旋转，可以实时调整焊接过程中的关键参数，包括搅拌头旋转速度、搅拌头倾斜角度和焊接速度。

以工作台为底座，搅拌头为末端执行器，床身、机床本体等传动结构为连杆，得到 FSW 机床运动的动态调控参数范围，如表 9-3 所示。

表 9-3　FSW 机床运动的动态调控参数范围

关节类型	转动范围	移动范围
移动 X	0°	L_1
移动 Y	0°	L_2
移动 Z	0°	L_3
转动 C	α_1	0
转动 A	α_2	0
搅拌头移动	0°	L_4

3. FSW 过程的运动仿真实现

结合已建立的三维模型与运动学分析，建立模型间的运动关系，从而实现 FSW 的运动仿真。FSW 模型间的运动关系通过父子结构关系来描述。模型组件之间的父子结构关系建立后，可以通过父对象上的脚本逐步获得子对象的控制，并通过每个子对象相对于父对象的运动程序实现模型的同步映射。基于建立的父子结构关系，多个移动轴和旋转轴组件联合仿真，实现虚拟机床模型的运动。

在 Unity3D 中，每个模型的平移和旋转由 Transform 组件控制。根据运动原理，用于控制每个模型运动的 C#脚本被拖动到虚拟场景中相应的模型上。同时，添加了 Box Collider、Rigid Body 等组件来模拟现实世界中的碰撞和重力效果，借助引擎的运行可实现 FSW 过程的同步映射。同时，可以通过在 Inspector 组件上调整焊接工艺参数来控制模型的运动，并可以根据需求灵活使用不同的指令控制运动的变化，以便与现实物理实体的运动同步，达到良好的运动控制效果。虚拟实体和物理实体在运动状态下的同步仿真功能可以映射 FSW 过程，呈现良好的视觉监控效果，并为焊接温度的实时监控提供了模型基础。

9.3.3　物理实体与虚拟实体的数据交互

在数字孪生模型的构建和应用过程中，数据交互扮演着至关重要的角色。它负责实现虚拟实体与物理实体之间数据的传递、同步和反馈，是确保模型准确性和实用性的基石。

本节首先建立了一套基于红外热像仪的焊件表面温度采集装置，该装置包含硬件和软件两个部分，如图 9-9 所示。该温度采集装置不仅包括实体设备，还包括支持数据采集和处理的软件系统。

开发的温度采集装置软件可以实现与基于数字孪生的 FSW 核心区极值温度在位表征系统之间的数据通信功能。通过这一装置，焊件表面的温度数据能够被实时采集并传输至系统中，从而保证数据的实时性和准确性。数据交互流程如图 9-10 所示。

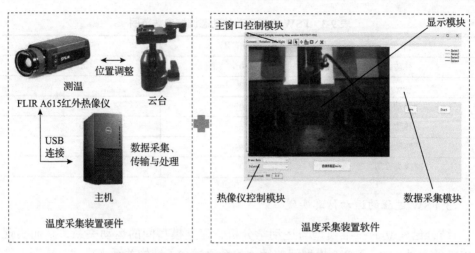

图 9-9　基于红外热像仪的焊件表面温度采集装置

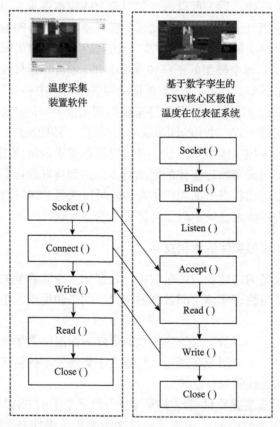

图 9-10　数据交互流程

基于数字孪生的 FSW 核心区极值温度在位表征系统采用 Socket 套接字句柄

创建一个网络服务，然后使用 Bind()函数为该服务器绑定主机的 IP(internet protocol, 网际协议)地址和分配端口号，并通过 Listen()函数建立对温度采集装置软件的实时监听。温度采集装置软件同样采用 Socket 套接字句柄开启一个网络服务，并使用 Connect()函数向在位表征系统发送连接请求，在位表征系统正常监听到该连接申请后使用 Accept()函数接收连接请求并建立网络链接，此时温度采集装置软件与在位表征系统之间可以实现双方数据的交互。同理，数控系统与在位表征系统之间也可以通过以上方式实现数据交互。

9.4　FSW 核心区温度监测的技术实现与系统集成

9.4.1　FSW 核心区温度的三维可视化

FSW 核心区各点的温度与距焊缝的距离呈现相关性。RBF 插值函数由插值点与给定点的距离决定，具有插值方式简单、无网格划分等优点。本节采用建立 RBF 插值预测模型的方法快速获得焊件上任意位置的温度值。插值函数 φ 由待估计点 l 与给定点 l_i 的坐标欧氏距离 $r_i = \|l - l_i\|$ 决定，即

$$\varphi\big(\|l - l_i\|\big) = \varphi(r_i) = \varphi\left(\sqrt{(x - x_i)^2 + (y - y_i)^2 + (z - z_i)^2} \right) \tag{9-11}$$

基于径向基插值模型与插值点求解权重系数 $\omega_i (i = 1, 2, \cdots, m)$ ，得到待估计点的温度值 T 为

$$T = \sum_{i=1}^{m} \omega_i \varphi(r_i) \tag{9-12}$$

本节采用广义 Multi-Quadric 函数作为径向基函数，且由于焊接过程复杂，温度受环境等因素影响，因此在实际的插值逼近问题中，需要引入调节参数 β 对基函数进行调节，基函数为 $\varphi(r_i) = \sqrt{r_i^2 + \beta}$ ，代入式(9-12)中得

$$T = \sum_{i=1}^{m} \omega_i \sqrt{r_i^2 + \beta} \tag{9-13}$$

由 RBF 插值预测模型已知，温度为基函数与权重系数的乘积，因此可根据已知点 $l_i (i = 1, 2, \cdots, m)$ 的温度值逆求解权重系数 $\omega_i (i = 1, 2, \cdots, m)$ ，并相应求解任意点的温度 T 。

厚板焊件核心区温度的三维可视化流程如图 9-11 所示。在焊接过程中，将红外热像仪实时测得的选定点温度数据传输到 RBF 插值预测模型中。随后，通过颜

色渲染脚本将预测的数据转换为相应的颜色数据。这些颜色数据被应用于 Mesh 组件，用于生成焊件模型。最终，以三维云图的形式将可视化结果直观地呈现出来。

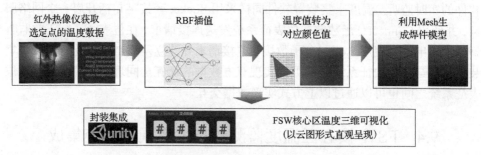

图 9-11　厚板焊件核心区温度的三维可视化流程

9.4.2　基于数字孪生的 FSW 核心区极值温度在位表征系统的集成与验证

利用 Unity3D 搭建基于数字孪生的 FSW 核心区极值温度在位表征系统，如图 9-12 所示。在系统中集成 FSW 运动仿真模型、RBF 插值预测模型与基于 SDCA 的核心区极值温度表征模型，并利用 UGUI 搭建平台的可视化界面。

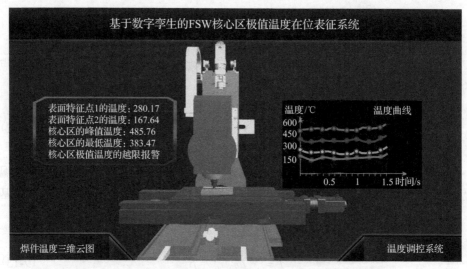

图 9-12　基于数字孪生的 FSW 核心区极值温度在位表征系统

温度在位表征系统接收到实时传输的表面特征点温度数据后，实时显示焊接过程中的表面特征点温度，同时调用已建立的 RBF 温度场插值预测模型，快速批量地预测出焊件上任意点的温度值，经过颜色渲染脚本转为相应的颜色值，并在运动仿真模型中以三维云图的形式直观呈现出来。同时，焊接过程中红外热像仪实时测得的表面特征点温度数据实时传输至基于 SDCA 的 FSW 核心区极值温度表征模型，通过 XCharts 组件将实时表征的核心区峰值温度与最低温度通过折线图的形式呈现在温度在位表征系统。在温度在位表征系统中开发温度越限报警功能，当实时表征的核心区温度超出其温度阈值时发出越限报警。

将基于数字孪生模型的 FSW 核心区极值温度在位表征系统用于上海拓璞数控科技股份有限公司的 FSW-5M 型机床上进行实验验证，实验现场如图 9-13 所示。

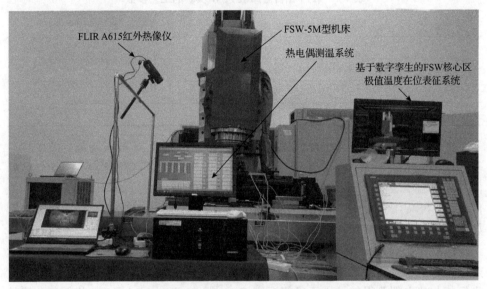

图 9-13　实验现场

焊件为 18mm 厚 2219 铝合金，使用的搅拌头轴肩尺寸为 32mm，搅拌针长度为 17.8mm。8.2.2 节明确了 FSW 核心区峰值和最低温度的所在位置，基于此，热电偶 A1、A2 和 A3 位于 FSW 核心区峰值温度的所在位置，热电偶 R1、R2 和 R3 位于 FSW 核心区最低温度的所在位置，六个位置的热电偶具体排布方案如图 9-14 所示。热电偶测量的 FSW 核心区的峰值和最低温度传输到 FSW 温度场监测系统并在系统中实时显示。红外热像仪布置在焊件前方，用于测量焊接过程中焊件表

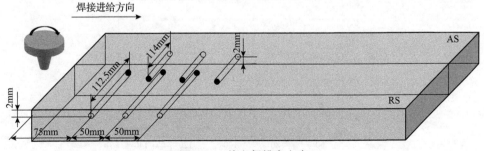

图 9-14　热电偶排布方案

面特征点区域温度，采集频率设置为 10Hz。实验过程中通过 Socket 通信的方式使表面特征点区域温度数据不断地从温度采集装置软件发送到温度在位表征系统中显示。开展 4 组不同焊接工艺参数下的厚板焊接实验，实验使用的工艺参数见表 9-4。

表 9-4　2219 铝合金厚板 FSW 实验的工艺参数

序号	搅拌头转速 n/(r/min)	焊接速度 v/(mm/min)
1	300	90
2	300	105
3	350	90
4	350	105

　　将焊接进给阶段红外热像仪检测的焊件表面特征点区域峰值与最低温度输入基于数字孪生的 FSW 核心区极值温度在位表征系统中，能够获得 FSW 核心区峰值与最低温度表征值。四组不同焊接工艺参数下热像仪检测的焊件表面峰值与最低温度、FSW 核心区峰值与最低温度表征值、六个热电偶测得的热循环曲线分别如图 9-15(a)～(d) 所示。

　　以图 9-15(a) 为例，热电偶 A1、A2 及 A3 热循环曲线的峰值即为搅拌头抵达热电偶布置位置测得的 FSW 核心区峰值温度，可以看出，FSW 核心区峰值温度表征值与热电偶测得的核心区峰值温度接近；热电偶 R1、R2 及 R3 热循环曲线的峰值为搅拌头抵达热电偶布置位置测得的 FSW 核心区最低温度，可以看出，FSW 核心区最低温度表征值与热电偶测得的核心区最低温度相近。热像仪测得的表面最低温度和峰值温度会有波动，导致核心区极值温度表征值发生波动，实验结果证明了温度在位表征系统的有效性。

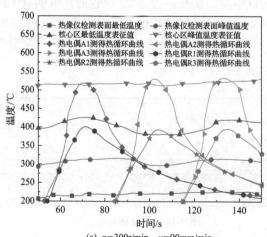

(a) n=300r/min，v=90mm/min

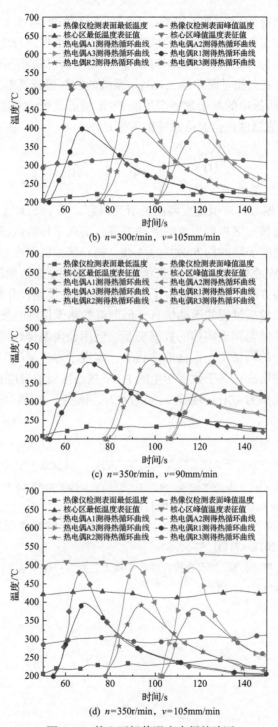

(b) n=300r/min，v=105mm/min

(c) n=350r/min，v=90mm/min

(d) n=350r/min，v=105mm/min

图 9-15　核心区极值温度表征的验证

提取热电偶测得的 FSW 核心区峰值和最低温度数据,与基于数字孪生的 FSW 核心区极值温度在位表征系统预测的核心区极值温度结果进行比较,核心区峰值温度平均相对误差为 1.67%,最大相对误差为 6.43%,核心区最低温度的平均相对误差为 2.79%,最大相对误差为 9.16%。系统的数据更新频率为 10Hz,延迟时间为 0.2s,证实了所提出的基于数字孪生的 FSW 核心区极值温度监测方法和研发的 FSW 核心区极值温度在位表征系统的有效性。

9.5 本 章 小 结

本章以 FSW 核心区极值温度监测为研究内容,基于 SDCA 算法建立了焊件表面特征点温度与核心区极值温度的关联关系,实现了核心区极值温度的在位表征,核心区峰值温度表征的均方误差为 4.49,核心区最低温度表征的均方误差为 24.96。提出了 FSW 系统的数字孪生五维模型,以该模型为框架确定了 FSW 核心区极值温度的监测方法。建立并渲染了 FSW 机床组件模型,分析了 FSW 过程的运动规律,实现了焊接过程的运动仿真。借助红外热像仪测温技术,基于 Socket 通信实现了虚拟实体与物理实体的数据交互。运用径向基神经网络插值处理,结合计算机图形学中的网格顶点数据渲染技术,实现了焊件温度三维可视化。最终将以上功能与模型集成在基于数字孪生的 FSW 核心区极值温度在位表征系统中,系统的数据更新频率为 10Hz,延迟时间为 0.2s,证实了本系统的有效性。

参 考 文 献

[1] 顾乃建. 搅拌摩擦焊温度场及流场数值模拟[D]. 大连: 大连交通大学, 2019.

[2] Shalev-Shwartz S, Zhang T. Stochastic dual coordinate ascent methods for regularized loss[J]. Journal of Machine Learning Research, 2013, 14(1): 567-599.

[3] 邢艳双, 汪认, 刘雪松. 不同下压量下 TC4/A6061 异种合金 FSW 接头成形及显微硬度研究[J]. 热加工工艺, 2018, 47(13): 57-59.

[4] 赵维刚, 陈吉, 王宇晗, 等. 铝合金搅拌摩擦焊接工艺参数对焊接温度的影响[J]. 机械制造与自动化, 2016, 45(4): 17-20.